7

**Biennal
Europea de
Paisatge**

双年展 VS 双年展

第七届欧洲风景园林双年展
第七届罗莎芭芭欧洲景观奖

作品选

欧洲风景园林双年展组委会　编
European Biennial of Landscape Architecture
张晋石　钱丽源　等译　王向荣　审校

中国建筑工业出版社

图书在版编目（CIP）数据

双年展VS双年展：第七届欧洲风景园林双年展 第七届罗莎芭芭
欧洲景观奖作品选／欧洲风景园林双年展组委会编；张晋石等译.
北京：中国建筑工业出版社，2016.9
ISBN 978-7-112-19668-5

Ⅰ.① 双… Ⅱ.① 欧… ② 张… Ⅲ.① 园林设计−作品集−世界−
现代 Ⅳ.① TU986.2

中国版本图书馆CIP数据核字（2016）第194940号

责任编辑：费海玲　焦　阳
责任校对：陈晶晶　关　健
外文翻译：张晋石　钱丽源　吴　焕　刘昱霏　张　阁　杨涵株
外文审校：王向荣

双年展VS双年展
第七届欧洲风景园林双年展 **作品选**
第七届罗莎芭芭欧洲景观奖
欧洲风景园林双年展组委会　编

张晋石　钱丽源　等译
王向荣　审校
＊
中国建筑工业出版社出版、发行（北京西郊百万庄）
各地新华书店、建筑书店经销
北京锋尚制版有限公司制版
北京缤索印刷有限公司印刷
＊
开本：889×1194毫米　横　1/20　印张：21¾　字数：649千字
2016年9月第一版　　2016年9月第一次印刷
定价：238.00元
ISBN 978-7-112-19668-5
　　　（28440）

双年展 VS 双年展

第七届欧洲风景园林双年展
第七届罗莎芭芭欧洲景观奖 作品选

Col·legi d'Arquitectes de Catalunya

UNIVERSITAT POLITÈCNICA DE CATALUNYA BARCELONATECH

ETSAB | Escola Tècnica Superior d'Arquitectura de Barcelona

MASTER PAISATGE

目录

再生：1个入围/88个项目	连接：1个入围/114个项目	交叉：2个入围/48个项目	过渡：2个入围/85个项目	获奖：罗莎·芭芭奖第一名
p.21	p.115	p.235	p.291	p.385

执行委员会

SARA BARTUMEUS

建筑师，加泰罗尼亚理工大学（UPC）巴塞罗那建筑学院（ETSAB）风景园林硕士。1994年起在巴塞罗那建筑学院（ETSAB）城市与区域规划系开展教学研究工作。2004年以前，担任巴塞罗那城市实验室（LUB）的研究人员。1997年起担任加泰罗尼亚理工大学巴塞罗那建筑学院（ETSAB UPC）风景园林硕士项目的教授；1999~2003年，担任风景园林学位景观课程的教授。她也是瓦耶斯建筑学院（ETSAV）城市与区域规划系城市课程的教授。目前是巴塞罗那市议会建筑委员会成员以及加泰罗尼亚建筑师协会（COAC）城市规划和景观咨询委员会的成员。从1994年开始与Anna Renau合作，专业实践涉及规划、风景园林和建筑领域，特别是社会住房和公共设施的项目，其中一些项目已获奖并在专业期刊上发表。最近，作为塞尔达年展体系的一部分，她们在巴塞罗那当代艺术文化中心（CCCB）设计了主题为"塞尔达与未来的巴塞罗那——现实与设计"的展览。

JORDI BELLMUNT CHIVA

建筑师，1980年于巴塞罗那建筑学院获得学位。1982年起担任加泰罗尼亚理工大学城市与区域规划系教授。1987年开始担任加泰罗尼亚理工大学风景园林硕士项目的教授。2000年起担任加泰罗尼亚理工大学风景园林硕士项目主任。1997~2006年任巴塞罗那建筑学院副院长，2000~2006年任加泰罗尼亚理工大学风景园林研究生高级课程主任。

他是以下专业杂志的科学委员会的成员：*Paisajismo*，*Architettura del Paesaggio*，*Paisea*，*Korezero*以及Paysage。2008年任欧洲建筑与城市设计研究专题研讨会（EURAU08）成员、Paisajes 08成员，以及萨拉戈萨世界园艺博览会（Expopaisajes 2014）学术委员会成员。

自1999年以来共协助举办了6届巴塞罗那欧洲风景园林双年展。

担任巴塞罗那市议会顾问，加泰罗尼亚风景园林顾问委员会委员，加泰罗尼亚建筑师协会风景园林办公室顾问。

获奖情况：2006年意大利托萨罗伦佐国际风景园林奖；2008年和2009年的伊波利托皮泽蒂（Ippolito Pizzetti）基金会奖；2010年加泰罗尼亚建筑师学院勋章。1980年以来在世界各地不同大学和文化机构担任访问教授。作为建筑师和风景园林师，其作品曾发表在不同的专业媒体。

MARINA CERVERA ALONSO DE MEDINA

建筑师，风景园林硕士。曾就职于巴黎努维尔建筑事务所和加泰罗尼亚大学风景园林项目研究中心，任职于巴塞罗那建筑学院风景园林和城市规划系硕士课程助理教授。她同时作为一名专业的"自由职业者"任职于加泰罗尼亚建筑师协会风景园林办公室，负责协调第六届欧洲风景园林双年展以及第五届双年展"暴雨&压力"作品集的出版工作。作为西班牙风景园林师协会的一员，自2009年11月起，成为欧洲风景园林基金会（EFLA）执行委员会的秘书长。

ESTEVE COROMINAS I NOGUERA

建筑师，1977年于巴塞罗那建筑学院获得学位。1986~1989年，担任加泰罗尼亚政府赫罗纳城市规划SSTT项目的负责人。目前专注于专业实践，致力于建筑和城市规划项目。并参与了大量的课程、会议、讨论和出版，一直积极关注城市及区域规划相关主题。任西班牙加泰罗尼亚建筑师协会风景园林办公室主任。

ALFRED FERNANDEZ DE LA REGUERA

于巴塞罗那建筑学院获得建筑学学位，从事城市规划方向工作研究。同时在加泰罗尼亚理工大学风景园林硕士学位课程中担任项目教师。

曾获公共工程和城市规划部的国家城市规划奖以及保罗·盖蒂基金会的研究资金。一直从事风景园林项目施工以及区域和城市规划工作。

MARIA GOULA

希腊建筑师，1992年起在巴塞罗那生活和工作。曾任巴塞罗那建筑学院城市设计和区域规划系全职讲师，讲授城市和风景园林设计。自2009年3月起，担任风景园林硕士的负责人（适应于《博洛尼亚协定》）。曾参与讨论巴塞罗那景观研究和设计中心的发展方向，并于1994年起成为其创始成员中的一员。她最近的工作集中在由加泰罗尼亚景观观测台委托的加泰罗尼亚列伊达和赫罗纳地区景观目录的制定。她作为科学顾问参与了"希腊景观"研究项目。这是一个关于阐释希腊景观的研究项目，由希腊的拉特西斯（Latsis）基金会资助。她也是2009年10月萨丹约拉（Cerdanyola）"绿色走廊公园"竞赛的获胜团队成员，该团队由A. Zahonero，M. Van Gessel，A. Vidaor领导。她的论文《其他景观：可变图像的读物》（*the other landscapes: readings of the variable image*）赢得了2009年建筑学博士领域的优秀奖。

JOAN GANYETISOLE

建筑师，1946年出生在西班牙的塞奥德乌赫尔（La Seu d'Urgell）1983~2003年，担任塞奥德乌赫尔市市长，加泰罗尼亚城市联合会副主席。1985~2003年，担任地方当局Interpirinenca委员会主席。2004年担任比利牛斯社区工作组秘书长。1980~1999年任加泰罗尼亚议会成员。2000~2002年，任加泰罗尼亚议会参议员。

2004年1月起，担任加泰罗尼亚政府领土政策和公共工程部的建筑和风景园林主任。加泰罗尼亚圣乔治皇家美术学院成员。

序一

来自加泰罗尼亚建筑师协会和加泰罗尼亚理工大学的专家团队和教师，他们最初充满热忱地构想了欧洲风景园林双年展的发展宗旨，即在西班牙加泰罗尼亚地区，举办欧洲范围内的风景园林双年展并同时推动该学科的专业性。

需要强调的是，在克服包括经费不稳定和其他多方面的困难下，第七届双年展建立了合理的运作机制来保障双年展成功举办，因此要感谢所有专业人士的共同协作、组委会团队的努力、以及赞助商和其他各界朋友们的慷慨支持，更感谢所有来参加双年展的朋友们（研讨会的参与者以及罗莎·芭芭奖的所有入围者）。经过探讨，本届双年展达成共识：双年展是风景园林实践交流、反思的重要平台。

观察到我们的风景园林师所承担项目范围和尺度上的变化后，今年的第八届双年展我们需要更宽广的视野面对双年展国际化的挑战。

当下的环境中，如果要向国际风景园林双年展转变，我们必然面对更多的挑战、困难，与此同时我们依然重申无论是专业人员还是普通民众，都需要专业化的风景园林，并把它作为风景园林项目价值评估和干预的手段。

Lluí Comeron i Graupera
加泰罗尼亚建筑师协会主席

序二

2013年举办的第七届欧洲风景园林双年展已经成为瞩目的专业活动。从1998年开始，巴塞罗那逐渐成为风景园林学术和专业领域活动传播的中心。它首次在欧洲范围内汇集风景园林专业人员，把他们近期的工作实践的经验展示给公众。

双年展从一开始就具备了学科创新与专业先锋的性质；每两年一届的盛会都在九月份的秋季举行，会展的三天时间里展陈风景园林理论、观念和实践案例，风景园林学科的研讨会包含学科建设对话、区域规模下的风景园林以及日常生活与多样化的风景园林等视角。本届双年展让我们更加了解世界范围内真实的风景园林。

双年展每两年的九月份召开，它得到许多公共和私立机构的支持，已经是国家和地区重大的文化事件，来自我们大学院系里的教师的推动力是双年展的最大特征，从某种意义来说它反映了我们大学院系中形成了一个风景园林研究的积极工作框架。从1983年开始，在教师Manuel Ribas i Piera，Mique Vidal和Xavier Martinez-Farre的领导下设立了风景园林硕士课程，标志加泰罗尼亚理工大学已经着手风景园林学的研究工作。它是唯一得到西班牙和欧洲国际风景园林师联盟认可的课程，目前由教师Jordi Bellmunt领导，在风景园林领域的分析、规划设计、综合管理方面的问题提供一个广泛和多元的回答。

从2006年开始，校际硕士项目开始了风景园林硕士的训练体系，把景观研究与社会需求相结合。

加泰罗尼亚理工大学与欧洲风景园林双年展的联系，具体而言，是我们的教师团队拓展了他们的教学和研究事业，最令人激动的是罗莎•芭芭国际景观奖的诞生，它是以我们的一名教师也是建筑师而命名，她是加泰罗尼亚风景园林推动者中的关键人物，不幸的是在2000年她在事业的巅峰时期离开了我们。这次奖项竞赛中，已经收到了近500份来自世界各地的作品，标志着本地风景园林研究领域的进步，是一个愈发有影响力的文化事件，我们的大学为之感到骄傲和感激。

Enric Fossas Colet
加泰罗尼亚大学校长

"双年展" 反 "双年展"

在欧洲，人们对风景园林的兴趣和关注具有摇摆不定的态度，导致巴塞罗那欧洲风景园林双年展在进行了五届之后，逐渐发现了一些在创新点上匮乏的征兆，尤其是发展模式以及目标上的想象力和创造力正在减少，甚至还有不断增长的失望情绪，这并不是指举办形式或者技术方法的困难，而是来自近几年里一些参选项目在意识上的变化。

上一届双年展"风暴和热情"（Tormenta e ímpetu）中已经觉察不好的预兆，虽然维持乐观和浪漫的情绪暂时成为克服困难的意志，但是在接下来的一届来自包曼（Baumaniana）的哲学命题，"流动性景观"（Paisajes Líquidos），此时的乐观变为勉力维持和修正旧有模式，还有更不利的消息出现，比如景观项目影响力的减弱，社会对一些进行中的项目甚至丧失了热情。

公共管理和私人机构有一些清醒的认识，他们试图重复利用原有的模式，表面上看，在这个变化的环境里依然安全，可是却缺乏持久的动力和信念。

经济危机导致南欧经济活动陷入窒息状态，这时双年展的组织者不得不积极地建立一种新的范式，从而创造对他们有利的条件。

在文化领域，风景园林专家小规模的研讨会开始成形，他们推行了行业内可以理解的规则和识别的方法。在以上专业领域的进程中，巴塞罗那欧洲风景园林双年展应该在责任和义务上做出反应。

双年展需要一次自我消亡，
双年展也应该立刻再次自我重生，
双年展需要面对自己，
双年展消亡，双年展重生。
双年展反双年展

另外，双年展的科学委员会必须审核内部专业的管理结构，这意味着单一时间循环周期的结束，从而保障直接的决策机制；更多地奉献新技术，提供广泛的来自研讨会上参加者们的决议，利用这些有效和积极的条件，试图使我们能迎来更多的景观研究和项目的建设者。

双年展需要转变为国际性的研讨会，参与最新的世界范围的风景园林学发展，利用他们的经验、成果、建议、兴趣和理念，重新平衡现实中显著的差别，比如国家和地区之间的差别。

新时代的项目将会更加与众不同，一定会更富想象力，拥有对生态系统的敏感性，以及经济的灵活性，特别是所有的想法将会是源自于人类，且服务于人类。

在我们的文明时代，那些陈旧的模式将被重新检视，建立有保障的新范式，尊重自然法则，担当大自然和其他社会成分的能力和动力，这是一种勇气，或者是新双年展的精神。

Jordi Bellmunt i Chiva

双年展 VS 双年展
学术报告 & 圆桌会议

2012年9月28日　周五

9：00～19：00　双年展Vs双年展
加泰罗尼亚音乐厅，次厅

　　大多数有关土地和文化的学科发展都是从对环境的担忧开始的。第七届巴塞罗那风景园林双年展既作为一种催化剂引发新的思考，也将驱动我们对未来风景园林领域的想象和改变。

　　因此，双年展将严格审核参赛项目的格式、方案、概念和专业实践目标，同时，双年展将自身视作欧洲风景园林的主要平台和国际风景园林交流平台。在此框架内，我们的主旨报告人将提出并讨论我们行业的国际化和未来走向。

　　参与讨论的人有：

　　Marieke Timmermans，风景园林师，阿姆斯特丹建筑学院风景园林系主任。

　　Julie Bargmann，风景园林师，DIRT事务所创始人，弗吉尼亚大学副教授。

圆桌会议：教育创新

Carles Llop，圆桌会议主持人

　　博士，建筑师，加泰罗尼亚理工大学城市规划系主任，Jornet-Llop-Pastor事务所创始人。

　　圆桌会议参与者：

　　Manuel Bailo，博士，建筑师，加泰罗尼亚理工大学城市系讲师，BAILORULL

ADD + architecture事务所创始人。

　　Cristina Castelbranco，博士，风景园林师，里斯本技术大学教授，LINK博士课程负责人，ACB.paisagem首席设计师。

　　Marc Claramunt，风景园林师，布卢瓦"国家高等自然和景观学校"教授，法国风景园林师联盟（FFP）在国际风景园林师联合会（IFLA）和欧洲风景园林基金会（EFLA）的代表。

　　Ana Luengo，博士，风景园林师，Citerea创始人，西班牙风景园林师协会（AEP）在国际风景园林师联合会（IFLA）和欧洲风景园林基金会（EFLA）的代表。

　　Lisa Mackenzie，爱丁堡艺术学院讲师，"Lisa Mackenzie 咨询公司"创始人。

　　Jorg Sieweke，弗吉尼亚大学助理教授（美国），paradoXcity负责人。

　　SueAnne Ware，博士，风景园林师，墨尔本皇家理工大学教授。

　　Manolo Ruisánchez，建筑师，加泰罗尼亚理工大学城市规划系教授，Ruisánchez arquitectes事务所创始人。

　　Gilles Vexlard，风景园林师，Latitude Nord创始人，法国凡尔赛国立高等风景园

林学院（ENSP）教授。

圆桌会议：专业实践创新

Álex Giménez，圆桌会议主持人

　　建筑师，加泰罗尼亚理工大学城市规划系教授。

　　圆桌会议参与者：

　　Bet Capdeferro，建筑师，赫罗纳大学理工学院建筑学硕士课程教授，bosch.capdeferro architectures创始人。

　　Matteo Gatto，博士，建筑师，米兰理工大学风景园林系教授，2015年世博会总建筑师。

　　Vicente Guallart，巴塞罗那市总建筑师，2011年起任城市人居环境的首席执行官，Guallart Architects事务所创始人。

　　Nigel Thorne，风景园林师，国际风景园林师联合会欧洲区主席。

　　Stefan Tischer，风景园林师，凡尔赛国立高等风景园林学院（ENSP）教授。

　　Ramon Torra，建筑师，巴塞罗那大都市区首席执行官。

　　Craig Verzone，瑞士风景园林师，城市设计师，Verzone Woods Architects创始人。

图（从上到下，从左到右）
双年展会场，加泰罗尼亚音乐厅Petit Palau厅
颁奖仪式开幕
Ruisánchez（加泰罗尼亚建协）、Josep Bosch（加泰罗尼亚理工大学）和De la
Reguera（双年展执委）主持颁奖典礼开幕
罗莎芭芭奖获得者：Martí Franch和Ton Ardévol

在景观中建设，一个景观成长战略

Marieke Timmermans

乡村——人居的景观

我们最欣赏的乡村景观都是由许多个体创造的，比如农民和土地所有者。随着时间的流逝，众多的个人行为塑造了美丽、连贯的景观。一些自然和技术的因素影响了景观的可能性，一些政治和经济过程也影响了决策。但最重要的是，这些景观并不仅仅是从一种生产的角度创造的，它们也基于社会规则、理想和美学目标。人们赋予这些景观以含义，采用一种公共的方式来共同营造他们自己的生活环境。这些景观反映了居民的"个人情怀"。

乡村景观正面临着重大改变。自然、气候、食物、能源和人口下降等新的社会问题亟须我们关注。变化是景观的一个重要方面，它是作为一个系统充满活力的关键，但如今大规模的改变暗示着一种放弃甚至排除个人喜好的途径的趋势，因此削弱了景观的生机和意义。为了有意义地改变乡村景观，我们必须将其作为人居环境来理解。我们必须使人们的生活和工作融入景观中，让它们相互影响。我们必须欣然接受对居住地和设计的个人投入，只要人们（重新）建构他们的日常环境，并（再次）赋予乡村景观（共有的）含义。

景观特征

由于政府的"保护"制度，我们的许多乡村景观都被"锁定"了。为了使这些景观能再次运转，我们需要新的方案与积极参与。过去十年间的空间政策已经驱离了个人行为。虽然政府的政策是为了保护乡村，但它导致了城镇化、破碎化和单一化。我们必须开启乡村景观发展的策略，将景观作为一个出发点。这就要求一种基于对一个地区景观特征的全面平衡的认知工具：各种不同的特征——共同形成一种决定景观本质的可识别的单元。个人必须被允许再次拥有开发的主动权，同时政府提供对空间一致性和独特性的指导。政府必须提供更多的自由，但也要为人们提供更多、更好的条件，让他们理解空间的可能性。行动远比空想要好得多。

景观探索

在2001年和2002年，受北荷兰省委托，我们对北荷兰的景观空间特征进行了研究。我们进行了仔细地调研：我们调查了全省，拍摄了上千张照片，将我们的观感和地图进行了对比。通过比较景观格局、建筑密度、建筑风格、种植等，我们揭示了它们之间的相互关系。在实地考察期间，为寻求新的举措，我们与塑造景观变化的农民、企业主和土地所有者进行了沟通。我们试图找出如何将众多的小举措转换成一致的愿景。我们的目标是为个人的景观再次创造条件，使我们的景观保持生机。我们并不想制定规划，而是通过制定策略引导发展，为所有人创造新事物预留空间。

特征单元和组成

景观特征包括由不同的特征形成的一种可识别单元。有时可以通过可见的特征来识别，有时需要通过文化或历史特征来识别，经常两者都需要。通过调查物质属性与空间格局，并将其与地形图和历史地图相比较，我们可以得出关于景观结构及其建筑构建的类型概述。但是我们也会发现"做事方式"上的显著差异。在一些地区我们发现所有居民都建造了他们自己的天堂。我们想要从中找出某个地区的本质，有时，一个地方的本质不是空间格局，而是从历史文化方面体现了一种可辨识的内聚力，以此形成了一种标识性的单元：一种需要透过本质来明确空间特征的景观。

我们通过调查特征的不同方面形成特征的概念。我们根据7个方面来评估景观特征：

尺度：对于空间格局的测量。

动态：在一定时间内空间变化的数量和程度。

粒度：建筑的大小和类型，包括其相关的外部空间。

粒度结构：肌理相互作用的形式（城镇的类型，单独的肌理）。

美学：建筑凝聚力（美学追求，传统的，自由的）。

时间深度：分层，不同时代的识别性。

网络：联系和开放（"平静和空间"，"全球动态和交流"，或者两者结合）。

通过把这些方面标在每个区域的地图上，不同区域可以相互比较。更大范围甚至全省范围内的每个区域的可能性也可以看到。这些地图能够作为"滤网"来确定哪个区域的发展符合其身份特征。以此为基础，我们可以确定31个区域具有典型的空间特征。我们描述和设想每个区域是因哪些特征和结构带来其识别性。结果证明建筑结构是一个特别关键的因素。

特征类型

我们以特征的起源、时代和状态为基础，将区域划分成6种特征类型。一些特征已经固定，而另一些仍然在发展。一些特征历史悠久，甚至几乎要消失了；它们主要是在历史中才能被发现。另一些是全新的，但仍然需要发展；它们拥有未来。同一种特征类型的区域具有相似的文化和发展历史，与景观的气氛和使用相适应。有一些山林区域，自然形成蜿蜒的路径和溪流；也有平坦而开放的区域，根据明显且严格的肌理规划而成。在一些区域，特征是由生产和活动决定的，在另一些区域，是由保护丰富的自然价值和空间组成而决定的。每种发展战略都是为每种特征类型而制定的。在探讨景观是整合还是创新场所时，从发展战略差异的角度分析，可以给出一个经过斟酌的答案：两者都是，但在每种景观中各有侧重，诀窍是把控好轻重。

灵活性与量身定制

这项研究为该省提供了一个以景观为出发点制定空间发展指导策略的完整工具。其目的是为改变预留空间。与特征相关联的重要环境将参与到未来的发展中。将空间特征作为切入点，不再需要基于方案的政策。政府只需设置清晰的条件，提出发展必须符合的空间形式。这些条件由基于其特征的景观容量来决定。人们必须找到一个使他们的方案可以在空间上符合的位置点。对于北荷兰省来说就是每一个方案都能找到合适的场所。景观及发展策略是灵活的，可以满足当前变化与个人意愿。此外，这项策略打破了大型项目在空间发展上的主导地位。一些项目可以从最底层自下而上地进行。

村庄特征

村庄DNA是北荷兰省的一个项目，以提升村庄规划方法。这个项目并没有具体的方案，只是反向提出：村庄发展的空间潜力是什么？该项目研究了村庄的"DNA"，以提供细节方面、建筑质量以及公共空间方面的深刻理解，并为每个村庄的发展指出方向。

传统与家庭关系

我们开始寻找在村庄的发展历史中是否存在可以用于其发展的"传统"。要么在建筑结构中使用同样的体量和环保途径，要么将"做法"转译到到新的空间构成中。其目的是进行与传统有关的创新，而不是使其历史化。我们调查了在相同景观中的其他村庄来寻找与"家庭关系"有关的情况，这促使我们洞察到在这一区域里是什么使一个村庄变得普通，什么能使其变得独特。村庄家庭也是空间品质和发展潜力的信息来源。

发展与修复

在村庄尺度上，我们试图找到符合逻辑的发展空间，村庄可以以一种独特的方式扩大。然而，转译的村庄特征适应当代的生活方式和现今的社会需求。首先，我们寻找缺乏美感的边缘和混乱的后部，在这些地方我们可以创造面向景观的新的"脸面"。其次，我们在村庄内部寻找混乱的空间，在这里我们可以加强现有的特征。最后，我们在村庄之外寻找可能的发展空间。村庄永远是景观的一部分，大部分的景观都影响了村庄的典型结构。现有的景观结构往往为村庄提供了非常适合继续增长的基础。在景观中建设其实指的是建设"结合"景观，村庄发展其实也是景观的发展。通过将绿色空间与建筑相连，发展也将具有生态重要性。

灵活性与指导

所有发展的可能性一同形成了村庄的发展潜力。几乎总是存在很多选择。拥有多个选择非常重要，因为这可以创造灵活性。在将技术、社会以及甚至政治方面考虑在内的情况下，政府当局需要灵活性来协调选择出最佳位置。灵活性可以向"开发者"施加条件，甚至拒绝"开发者"。在有大量选择时，土地可以保持较低的价格，这是一个小镇或乡村发展的基础。

就地取材

通过寻找村庄与景观的特定的肌理与结构，将会填充设计工具箱。每个点都可以提供恰当的规划设计要素。在这种尺度下，细节非常重要：类型、比例、节奏、可达性、停车以及建筑。建筑的重要性往往被高估，其实它很少是方案成功与否的关键因素。好的建筑不能解决一个不好的结构的问题，但是一个好结构可以轻易接纳一个糟糕的建筑。

评估与指导

捕捉关键的细节非常重要，为人们提供自下而上的自由发展的权利一样重要。因此我们更倾向于为发展建立相应的标准。这需要进行评估和指导。这一步骤主要在城市层面进行。

教育创新
从土地到景观，从风景园林到风景园林学

Carles Llop

土地可以很好地解释景观是怎样被创造的。比如意大利的威尼托（Veneto）地区是人类活动建造城市的一个杰出例子。Andrea Zanzotto创造了一个词语，Paesaggio（景观），它是一个宣言，表示我们的生活行为能在我们生活的土地上创造进化的景观。

另一位威尼托的教师，Francesca Leder，告诉我们需要理解每一片土地上的景观经验，它们是知识和实践的遗产，它们既是风景园林（Paisaje），也是风景园林学（Paisajismo）。

在这次圆桌论坛上，我希望表明的观点是：风景园林，是一种新的城市和土地的视角，是城市、乡村的关系，是城市与区域之间的镶嵌体，是一种用来解释和干预当代土地发展的途径。

当代土地开发，鼓励恢复对土地的控制、城市增长的自制、城市区块之间的关联、城市碎块地段的协调，以及建立新的城市组织系统、物质和功能城市的特别形态，这些都符合区域镶嵌城市的模型理论。也就是说，一种形态和环境相互影响的结构，它有利于生态设施的互相协作，也是自然和城市生态系统的共同联系和演变进程，基于城市地块的马赛克式镶嵌的关联结构和领土范围内生物机能为母体的环境平衡服务。这就是一开始定义城市和建设的界限，划定城市和乡村之间的边界，推动接近人们需求和城市服务设施的

价值，比如，工作、休闲、健康和文化。对土地重复使用，或者说，修复和使用陈旧的或者被浪费的土地。

恢复城市生态学的标准，需要无限期、极大范围地保护环境空间的质量，以及重复地、混合地利用空间，它可以衔接边缘。另外还应该适宜地规划和管理城市过渡地区，管理不同地段上生态多样性的资源，以最高的品质形成区域空间尺度的镶嵌式景观，修复都市外围和都市之间的间隙空间的景观质量。

如果把风景园林作为一个调解社会的利器从而完成社会转型工作，那么我们需要开创一个新的风景园林学，尤其是在进行区域转型项目的时候。风景园林项目是一种工具，是文化调解手段，它可以帮助形成批判的观点审视区域和土地的滥用状况，也可以定义新的使用标准。都市圈边缘土地不断遭受侵袭，不公对待，假设此时启动风景园林工作，那么定居在此的市民将有机会拥有新的城市生活品质。所以我们的目标是，达到可以实现的生活质量，居民的生存景观是可以由自己决定的。

革新风景园林教育的思考
如果风景园林是一个回答，那么它的问题是什么呢？（对Jorge Wagensberg的诠释）。风景园林学科是什么（就像加泰罗尼亚理工大学校长在双年展作品选里提到的）？在绿色宏观经济里，是否具备成为一个典型的学科的条件？它有什么详细和特

别的内容？风景园林学有什么样的效力？

风景园林学的场地，都具有深层结构和深刻的表现力，它们就像皮肤或者外表，以风景园林化的方式干预场地。

在新社会环境学的背景下，什么是风景园林项目的组成部分，经济的还是文化的？本地化特征可以支持项目的行动计划吗？同时从地球的宏观角度来说，还有一些可持续性和生命管理模式的大问题，一些新的媒介打开了风景园林工作的新局面。

重新思考宏观的城市框架下景观的再自然化，创造新的、稳定的生态模式主体（比如城市生态框架）。

以下三个方面的合作变得愈发紧密，基础设施的新陈代谢更替和管理的要求；基础设施功能的混合化，以及区域和土地的化学性和结构性。面对自然恶化的威胁，很有可能成为我们生活的城市和土地上未来不断发生的灾害之源。

关于新文明栖居的城市，或者说城市市民生活变得越来越复杂，特别是新的文化空间带来的影响。这是一个超越以往所提的复合性学科的问题，我们可以回想Dematteis（Giuseppe Dematteis）所说的"流动性准则"（fluidez disciplinar），这种提法同样具有操作的可能吗？

专业实践的创新
Álex Giménez（圆桌论坛主持人）

关于我们的创新，首先我需要概述各位发言者的观点。

Bet Capdeferro打破常规谈到了学科的混杂特点，或者类似的观点，他认可不同时间段的参与性，大自然和居民共同组成栖息地，对抗官僚主义、职能管理或者学术的界限、边界。

Matteo Gatto回答了我们是不是一个提线木偶的问题，尤其是服务于各种巨大的能量之下，比如他们利用我们的学科好像一种合理的美学方式推进风景园林项目，或者作为一种武器，抑或学科中的类似脊柱的关键支撑结构。

Carles Casamor谈到了关于连续的话题，质问了关于项目和它的场地，它们与市政府之间责任的关联问题，他设想了景观诗意的价值被严重忽略的后果。

Nigel Thorne 和Sefan Tischer，他们从次序原则介入来强调维护政策和学术的议题，在个别细节方面，都要求调整规范性，从而获得学术的认可。

Craig Verzone展示和评论了他的作品。

最后，Ramón Torra，给我们掂量了难度，比如巴塞罗那城市尺度的都市总体规划委托编撰的分量和期限，他提供了一些反映目前土地管理规划的方法，可以滋养、培育风景园林领域的学科和实践创新精神。同样也可以反过来回馈学科和专业实践的事业。

我们不可避免地考虑以上问题，两年后，大部分我们现在讨论的议题依然是有效的，而且保持着跟进的状态，如果不能很好地解决，那这些议题将会更加复杂。

我们的创新，就是推动总体规划前进。

景观帧

关于第七届欧洲风景园林双年展

Maria Goula

....

精选案例

景观帧
关于第七届欧洲风景园林双年展

Maria Goula

第七届欧洲风景园林双年展收到335件作品，所有的参展作品都是专业领域对开放空间项目的干预。这种空间，被广泛地命名为自由空间或者绿色空间，这也意味着它们都是公共的，一种在欧洲范围内特殊的处理方法。因此，这些展出的作品集，或多或少，像是一种多功能的检索工具，然而它们都是得以贯彻实施的项目，从而可以广泛了解它们的信息或者故事、历史，它们捍卫开放空间，同时也理解场地转变的企图和目的，这是一个优秀的集体展示风景园林作品的场地，当然也是一个永恒的场地（或者不断反抗的场地），具有随着大自然而变化的外表。

这些项目告诉我们，风景园林干预活动作为一种文化模式，主要的贡献是形成安全的、批判的和协调的应用模式。另外一些项目提供长久需要的识别性观念，还有一些在微妙的细节上进行着个性化的探索。然而，它们在缺乏想象的时候表现出一种变化的趋势，也有的仅仅只是改善或者重组，这时候，这种改变趋势在项目的实施中可以被观察到。

风景园林项目、风景园林建造，也可以说是冒险的尝试，我们致力于寻找风景园林专业实践的基本特征，在同样的环境里寻找复杂性准则，所有复杂化的可能和真实的活力。

一些文章祝贺了欧洲当代风景园林作品的多样化和高质量的实践，但关键是，怎样做到的？我认为，有可能是因为土地开发项目停滞和经济活动不景气。1999年开始的风景园林双年展带领我们走向国际化，这也证实我们可能需要确定一个视野，比如在地中海和欧洲的范围内，这些土地上都有热衷于捍卫和建造开放空间的实践。

另外，关于景观面貌、景观中动植物类型、景观进化，以及环境和社会的影响，在当前的欧洲风景园林作品里，还有不确定性探索的策略。最后，虽然欧洲风景园林双年展近年展示的材料里有很多不同的理论体系，我直觉认为这些年强调的是汇聚更多的项目，完成紧密合作和相互学习的进程，通过外部的影响来实现我们的真实需求。

因此，制作一本欧洲风景园林建成作品的目录我觉得是十分恰当的，我不会放弃机会作一些评论，我的评论最基本的是关于关系：作品里有的关系，它也同时表达自己。

景观帧

当我慢速浏览电脑屏幕的时候，虽然总是数码图像，但我试图重建作品的真实效果。我需要面对最新的、透明的和可翻阅的欧洲风景园林作品展的图像。作品一般通过小图像直接展示，虽然我们避免翻阅作者选择的作品照片，因为这些照片虽然很好地展示给我们一个积极的窗口但是我们不能接触到真实情境，仅仅只能猜测这些场地上完成的成就和有过的阻力。

历时的关系也帮助了我。当每一个风景园林作品图像从屏幕上发射着光芒，假设此时暂时进入一种催眠的投影的节奏。我观察到首层平面图、铺装的细部、城市设施，这是欧洲风景园林最近几年的城市设计的创新和表达。同样，风景园林项目中具有相似的植物，它们丝毫不隐藏地展现在花园、园艺的创新里。

我试图让自己不要被过分的展示和成功的细节所打动，或者代入一个个象征的符号。但这也几乎不可能，因为只能通过平面和片段来了解项目。可以说风景园林作品选提供了一个复合的、碎片的景观帧的全景视角。尽管如此，景观帧的框架并不能作为它的整体，也就是说，需要接近细节，提供一个普遍的、平常的视角来了解风景园林作品集。

这意味着，大部分的设计者依赖照片图像中的人工装置物的比较来展示作品，这依然是用来评判风景园林项目的主要方式。所有这些，依然缺少关于环境的信息。

需要提出的问题是，为什么植物总是被忽略？一些大尺度的项目的设计者难道认为它们是不值得作为评选和竞争的因素？还是这些风景园林设计师认为照片可以提供一些标准，那些景观营造过程的特征不可以传递常规的技术设计图示？又或者，我们已经习惯了即使使用摄像来证实真实性，或者细节摄像来延伸我们同它们的联系？即使然而不可避免的是，全景化视角只为了提供这个景观帧的视野吗？这种全景碎片和景观帧的展现会不会更加导致碎片化，就像拉丁词源里对"fragmen（碎片的）"的多种词语的表述？

在这方面碎片化框架的标题指明了一种全景视角，但是片面的展示，同时传达一种我们共同分享和共同协作产生了风景园林作品集的感觉：这些项目以局部的方式自我展示了它们的文脉，所以，也是不完全真实的目录。虽然大部分城市项目里可以察觉到背景文脉缺失，在阅读它们的品质方面还存在阻碍，但是我觉得，利用关联的方式可以衔接缺失的文脉，包括重组空间的连续性，以及它们所缺乏的地理系统和自然信息等，这是当代景观无可置疑的成就。

我们也应该直接面对照片的图像，它们在西方文化价值上有巨大的影响力，一些作者都曾经解释过的，比如Sontag，Barthes，Flusser，还有其他一些关键人物，认为大多数摄影作品都是以一种"裸露"（Desnuda）的表达方式，这些可能同样影响了项目方案的形成甚至建造实施时期的物质条件。一般而言对一些损坏的、废弃的、空隙的，或者期望中的场地有

一些好的做法是把场所转变为"单一的（Singular）"，但是易读的，这样更容易识别、定义身份和被牢记。

我们也可以说要想突出区别更多风景园林项目，需要使用一些观察作品整体代表性的技巧，像是一个奇怪的比喻，把核心争论的重心转移到展览陈设或者任何一个其他建造中的细节，比如美学环节中是否很好地展示了项目的材料问题？展览会的媒体记者认为图像化是代表作品的组成元素（而不是讨论项目的背景和本质）。

风景园林项目存在很大的展示技巧，我认为景观如同矛盾的结果，它来自当代风景园林学的概念：一方面捍卫开放空间作为机遇性的场所来发展它的集体性，这种闲置的空间来自城市功能，可以成为具有有机活力的，概念的，也可以是Gilles Clement描述的那样；另外，它展示和表达了部分作品形式来推进它的观察视角，从主角的展现，从一种对比的方式，不需要为此过多担忧。

九十年来我们对城市设计的探索结果，使当代环境中存在着泛滥的城市设计元素。

首先，我们可以提出问题：它们是城市和大自然共处产生歪曲的必然标识吗？或者是它们发展的进程中，又或者是城市化必然的惯性的结果？

没有一个标准的回答。然而我认为，目前场景中值得回想风景园林学范式的本质以及它确实在当代具有的成功是，重新定义我们与自然的关系，允许我们在土地上定义外部的价值，从建筑学定义的是它意味着项目进程中允许迟疑，使用有生命力的材料的物体，或是无机材料的肌理，还是修复环境的舒适度，但是，需要恢复所有体系中的物质的联系性，并回到我们所主张的场地的地理学结构。

当代风景园林更多的革新者是要求继续维护自然进程的，他们的积极影响是对自然、绿色和开放的景观片段的价值增值。这仅仅是一个时间的问题，可以通过行动来证明，他们的目标是完成大自然的美学、教学方式，或者获取其他利益，关于生态系统积极影响的干预方式，不同的意愿相互联系来形成完整的体系。

如今当代宜居城市的需求背景下，我们都需要考虑一种建造的自然化（人工的自然化），逐步进化和自由的日常空间，这是紧急而迫切的。尽管这是一种怀旧的行为，或者说来自于在14世纪公园的大自然的"输入（importacion）"模式，它们很多时候被认为是"代表"（representation）模式，而现在对于恢复自然进程的建议是存在的，表现在广泛的超文本记录项目和全新的知识技能，最近几年的成果都清晰地记载在这一期以及前面几期的欧洲风景园林作品合辑中了。

再生

1个入围/ 88个项目

巴黎塞甘岛，预想花园

Île Seguin, Fore Shadowing garden

米歇尔·德维涅
（Michel Desvigne）
法国

设计公司：
Michel Desvigne Paysagiste（MDP）
地点：
（Boulogne Billancourt）法国
设计时间：
2009年
面积：
23000 m²
造价：
3500000 €
业主：
SAEM VAL de Seine Amenagement
摄影：
MDP and P. Guignard：
SAEM VAL de Seine Amenagement

finalist /
finalista

塞甘岛是一座位于塞纳河中心的岛屿，邻近巴黎市中心，曾是一个重要的汽车制造厂。20年前制造业萧条后，工厂被废弃，所有入口关闭。

几年前，我们事务所受邀为这座岛设想一种公共空间的样板。工作的内容是在对建成环境没有任何确切想法的条件下设想一种可能。其最终结果并没有预期为一个花园，而是一个能够展示材料、尺度等的样板……很快，这个样板成为公众首次通向该岛的机会。

因此我们建议将这一样板可以再扩大些，这样，基于有限的预算，它将可能成为一个预想花园。对于这个项目来说时间十分重要。它必须在一年之内完成设计和建造，而且项目一完工就需要向大众开放。最重要的是，为了适应未来城市发展的可能性，它必须是临时的景观。出于这个原因，它的元素需要立刻呈现的效果，也无需刻意回避未来的改变。

这个预想花园为未来逐步的发展演变提供了一个基础。我们意识到，在不断发展的城市项目中建造一个完成的且精密的花园没有任何意义。

塞甘岛花园是岛上第一个公共空间，在2公顷的土地上预示了城市更新中未来的中央花园。花园的几何构图呼应了场所的记忆——塞甘岛几乎是人工化的。花园部分为雷诺工厂的基座：用动力压力机在大体量的混凝土基础上作了穿孔处理。花园的矿物表面揭示了部分痕迹：简单的矩形混凝土和稳定砂砾形成了一系列在不同水平面上由草坪和先锋植物组成的下沉花园。

此项目是临时性的干预，使用造价经济的材料。植被是暂时的：成行的小柳树形成了花园的结构。柳树林之间，种植的先锋植物加速了荒地恢复的自然过程。

种植品种基于现有的建筑场地周边：醉鱼草、桦树、杨树……之后这些物种将被适应城市环境的多年生植物取代。建筑师Inessa Hansch使用表面用黄色树脂处理过的木板来制作室外家具设施。这些家具设施以线状排列，将场所的尺度感直接呈现出来。一块巨大的遮阳构筑弥补了大乔木的缺乏。这是一个由巨型支架撑开的保护网结构。金属栅栏是透明的，也正是它们保护着这个岛屿。预想花园既是整个岛上的观景点，从更大尺度而言，这里也是大巴黎（法国首都及其郊区的城市复兴计划）背景下布洛涅地区转变的观测点。该项目不仅有助于促进周边地区的改变，并且已经成为一个活跃的核心区域。花园以一种欢乐活泼的方式展示了它周边的建造场地：为儿童建造的巨大沙坑并结合了实验花园与野餐场地。它也是一个容纳了户外活动与室内餐馆的场所。但最重要的是，它是进入塞纳河谷中心的公众入口，使人们从一个新的视角欣赏周边丘陵与景致。

埃斯塔尼斯劳·罗加
（Estanislau Roca）
西班牙

设计公司：
Estanislau Roca
Arquitecte & Associats S.C.P.
地点：
La Geria，Lanzarote，西班牙
设计时间：
2011年
建设时间：
2012年
面积：
200 m²
造价：
350 €/ m²
业主：
Fundiciones Colomer
摄影：
Jofre Roca Calaf

这不是一个空地

EstoNoEsUnSolar

帕特里齐亚·迪蒙特
（Patrizia Di Monte）
伊格纳西奥·格拉瓦洛斯
（Ignacio Grávalos）
西班牙

设计公司：
Gravalos & Di Monte arquitectos
地点：
萨拉戈萨，西班牙
设计时间：
2010年
建设时间：
2010年
面积：
32000 m²
造价：
24 €/ m²
业主：
Zaragoza Vivienda
摄影：
Patrizia Di Monte，
Ignacio Gravalos Lacambra

克里斯·丘奇曼
（Chris Churchman）
英格兰

设计公司：
Churchman Landscape Architects
地点：
伦敦，格林尼治，英国
设计时间：
2008年
建设时间：
2011年
面积：
800 m²
造价：
300 €/ m²
业主：
Lend Lease

R5 巴塞罗那Carmen Amaya喷泉景观改造项目

Rearrangement and improvement for the surroundings of Carmen Amaya Fountain – La Barceloneta

洛拉·多梅内奇
（Lola Domènech
Arquitecta）
西班牙

设计公司：
Lola Domenech Arquitecta
地点：
巴塞罗那，西班牙
设计时间：
2011年
建设时间：
2011年
面积：
295 m²
造价：
483.03€/ m²
业主：
巴塞罗那市议会
加泰罗尼亚政府
摄影：
阿德里亚·高拉（Adria Goula）

Turó de la Rovira
军事炮台的公共空间改造

Rearrangement for the public space of the military
batteries in Turo de la Rovira

罗伯特·德
（Robert de Paauw）
伊马·汉萨纳
（Imma Jansana）
孔奇塔·德拉比利亚
（Conchita de la Villa）
霍尔迪·罗梅罗
（Jordi Romero）
西班牙

设计公司：
Jansana, de la Villa, de Paauw arquitectes,
AAUP Jordi Romero i associats
地点：
巴塞罗那，西班牙
设计时间：
2009年
建设时间：
2011年
面积：
9611 m²
造价：
100.75 €/ m²
业主：
Urcotex S.L.
摄影：
洛德丝·汉萨纳·费雷尔
（Lourdes Jansana Ferrer）

曼雷萨历史中心南部步行区扩建项目

Extension of the pedestrian area in the south of the historical centre of Manresa

戴维·克洛塞斯
（David Closes）
西班牙

设计公司：
David Closes i Núñez，arquitecte
地点：
曼雷萨，西班牙
设计时间：
2006年
建设时间：
2010年
面积：
7953 m²
造价：
323€/ m²
业主：
GrupSoler/ GrupMas/ICMAN

R8 "重新考虑伊维萨" —— "Can'Escandell" 公园设计竞赛

"Reconsidering Eivissa", public competition for the park design "Can' Escandell"

玛格丽塔·内里
（Margherita Neri）
约安娜·斯潘诺
（Ioanna Spannou）
安娜·萨奥内罗
（Anna Zahonero）
西班牙

设计公司：
Ioanna Spanou arquitecta y paisajista,
Margherita Neri arquitecta y paisajista,
Anna Zahonero bióloga

地点：
伊维萨，巴利阿里群岛，西班牙

设计时间：
2011年

面积：
8.28hm²

造价：
4 €/ m²

业主：
Sepes/Entidad Pública Empresarial de Suelo/Ministerio de Fomento/Gobierno de España

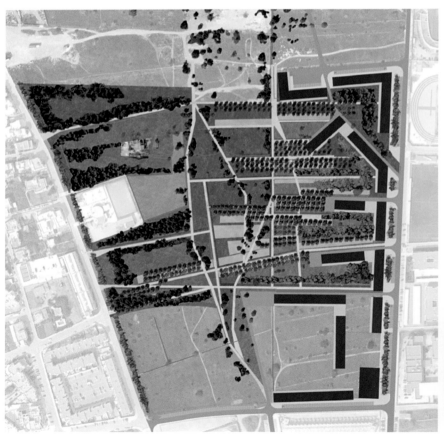

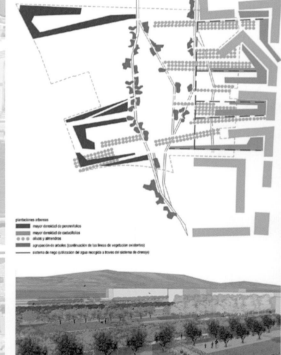

拉维加与特鲁埃尔城市整合项目

Urban project for La Vega surroundings and Teruel city limits

贝尔塔·巴里奥
（Berta Barrio）
何塞普·佩赖勒
（Josep Peraire）
西班牙

设计公司：
Estudi Berta Barrio i
Josep Peraire arquitectes
地点：
特鲁埃尔，西班牙
设计时间：
2010年
面积：
550hm²
业主：
特鲁埃尔市议会，阿拉贡城市规划
办公室

EJES ESTRATÉGICOS

ÁMBITOS DE ESTUDIO

01 La Vega
02 Puerta Sur
03 Barrio de la Estación
04 Puente Equivocación
05 Carretera de Cuenca
06 Avenida Zaragoza
07 Puerta Norte

Corbera de Llobregat市主街和Canigò街改造

Rearrangement of Major and Canigò street in
Corbera de Llobregat

马里厄斯·金塔尼亚
（Marius Quintana）
西班牙

设计公司：
Quintana arquitectes barcelona
地点：
巴塞罗那，西班牙
设计时间：
2006年
建设时间：
2009年
面积：
3174m^2
造价：
559.44 €/ m^2
业主：
UTE Hidrocanal SL- Jardineria Moix SL
摄影：
阿德里亚·高拉（Adrià Goula）

安东尼奥·蒙特斯
（Antonio Montes）
西班牙

设计公司：
Àrea Metropolitana de Barcelona（AMB）

地点：
巴塞罗那，西班牙

设计时间：
2009年

建设时间：
2009年

面积：
7104m^2

造价：
351.91€/ m^2

业主：
Dragados S.A.

摄影：
亚历克斯·巴格（Aleix Bagué）

R12 ｜ 圣克利门蒂的再城市化

Reurbanisation in San Clemente

伊丽莎白·阿瓦洛
（Elizabeth Abalo）
冈萨洛·阿隆索
（Gonzalo Alonso）
西班牙

设计公司：
Abaloalonso Arquitectos
地点：
拉科鲁尼亚，西班牙
设计时间：
2009年
建设时间：
2011年
面积：
2853m²
造价：
468 €/ m²
业主：
Jess'y Art Zone S.L.
摄影：
埃克托尔·费尔南德斯·桑托斯·迭斯
（Héctor Fernández Santos-Díez）

R13 Llobregat街道改造，Malgrat de Mar

Improvement of the Llobregat street accessibility,
Malgrat de Mar

马泰奥·菲奥拉万蒂
（Matteo Fioravanti）
克里斯蒂娜·塔尔塔里
（Cristina Tartari）
菲莱拉·迪托马索
（Filena Di Tommaso）
多纳泰拉·卡鲁索
（Donatella Caruso）
费德里科·斯卡利亚里尼
（Federico Scagliarini）
西班牙

设计公司：
Territori 24，Tasca studio，Quart
地点：
Malgrat de Mar，巴塞罗那，西班牙
设计时间：
2010年
建设时间：
2012年
面积：
950m²
造价：
361 €/ m²
业主：
Malgrat 市议会

R14 Tomas Gimenez大街城市化项目

Urbanisation project for Tomas Gimenez Avenue

贝特·阿拉韦恩
（Bet Alabern）
阿德里亚·卡尔沃
（Adrià Calvo）
阿尔瓦罗·卡萨诺瓦斯
（Alvaro Casanovas）
伊万·佩雷斯
（Ivan Perez）
菲莱拉·迪托马索
（Filena Di Tommaso）
西班牙

设计公司：
Territori 24 arq. Iurv. S.L.P.
地点：
L'Hospitalet de Llobregat，巴塞罗那，西班牙
设计时间：
2010年
建设时间：
2012年
面积：
32594m²
造价：
147 €/ m²
业主：
Construcciones San José

Cava do Viriato纪念地改造项目

Project for the regeneration of the monument of the Cava do Viriato

若昂·费雷拉·努内斯
（João Ferreira Nunes）
葡萄牙

设计公司：
P R O A P - Estudos e Projectos de
Arquitectura Paisagista，L.D.A.
地点：
维塞乌，葡萄牙
设计时间：
2000年
建设时间：
2008年
面积：
74500m²
造价：
21€/ m²
业主：
Obrecol S.A.
摄影：
费尔南多·戈梅斯·格拉
（Fernando Gomes Guerra）

若昂·费雷拉·努内斯
（João Ferreira Nunes）
葡萄牙

设计公司：
P R O A P - Estudos e Projectos de Arquitectura Paisagista，Lda

地点：
圣米格尔，亚述群岛斯，波多，葡萄牙

设计时间：
2007年

建设时间：
2010年

面积：
181500m²

造价：
5.7 €/ m²

业主：
Somague

摄影：
Iñaki Zoilo

R17 lagos Lungo和Ripasottile自然保护区的公共服务设施

Public services along the natural reserve of lagos Lungo and Ripasottile

詹尼·切莱斯蒂尼
（Gianni Celestini）
多内泰拉·皮诺
（Donatella Pino）
意大利

设计公司：
Mediterraneo，Gianni Celestini e Donatella Pino Architetti Associati
地点：
列蒂（Rieti），意大利
设计时间：
2011年
面积：
850m²
造价：
163 €/ m²
业主：
Lungo湖和Ripasottile自然保护区

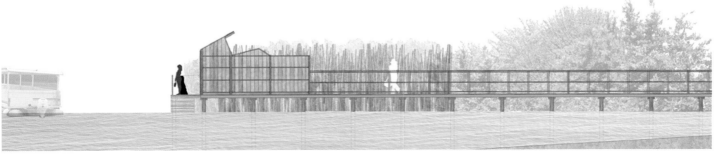

R18 Carme广场和Amics频道改造项目

Rearrangement of Carme square and Passatge Amics

戴维·克洛塞斯
（David Closes）
西班牙

设计公司：
David Closes i Núñez，arquitecte
地点：
曼雷萨，西班牙
设计时间：
2009年
建设时间：
2010年
面积：
2230m²
造价：
168 €/ m²
业主：
Grupsoler

R19 Montserrat 修道院环境改造
Intervention in thehermitage set in Montserrat

恩里克·施特格曼
（Enric Steegmann）
西班牙

设计公司：
Enric Steegmann Arquitecte S.L.P

地点：
巴塞罗那，西班牙

设计时间：
2010年

建设时间：
2011年

造价：
299000 €

业主：
Patronat de la Muntanya de Montserrat

R20 埃莱夫西纳英雄广场改建项目

Redevelopment of Heroes' Square in Elefsina

B. 巴巴卢–诺卡基
（B.Babalou–Noukaki）
安东尼斯·诺卡基斯
（Antonis Noukakis）
希腊

设计公司：
Antonis Noukakis & Partners Architects S.A.
地点：
阿提卡（Attiki），埃莱夫西纳
（Elefsina）
设计时间：
2007年

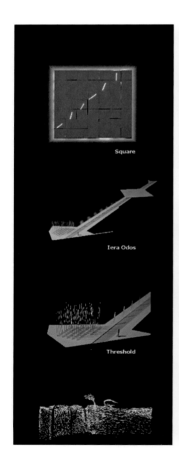

Square

Iera Odos

Threshold

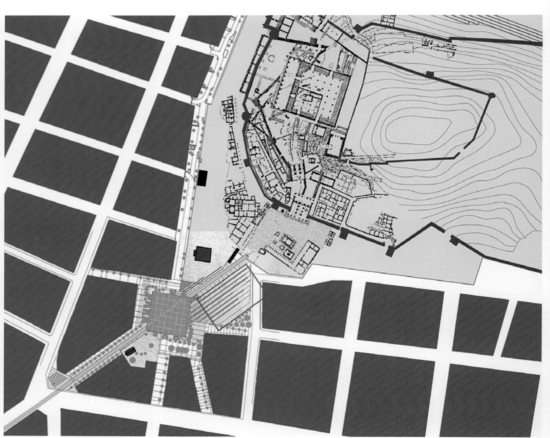

R21 海豹保育中心

Ecomare

巴尔特·布兰茨
（Bart Brands）
西尔维娅·卡雷斯
（Sylvia Karres）
荷兰

设计公司：
Karres and Brands landscape architects
地点：
德科赫（De Koog），特塞尔岛（Texel Island），荷兰
设计时间：
2012年
建设时间：
2012年
面积：
5400m²
造价：
600 €/ m²
业主：
Van der Wal

R22 Evagelistria墓园区域的城市、交通和环境改造

Urban, traffic and environmental redevelopment of
the area of the Evagelistria cemeteries

B. 巴巴卢–诺卡基
（B.Babalou–Noukaki）
安东尼斯·诺卡基斯
（Antonis Noukakis）
希腊

设计公司：
Antonis Noukakis & Partners Architects
S.A.
地点：
萨洛尼加（Thessaloniki），希腊
设计时间：
2007年

J.安东尼奥
（ J.Antonio ）
马丁内斯·拉培尼亚
（ Martínez La Peña ）
埃利亚斯·托里斯
（ Elías Torres ）
路易斯·巴连特
（ Lvís Valiente ）
西班牙

设计公司：
José Antonio Martínez Lapeña & Elías Torres Architects
地点：
塞维利亚，西班牙
设计时间：
2006年
建设时间：
2008年
面积：
37707m²
造价：
316.5 €/ m²
业主：
Sando Construcciones
摄影：
洛德丝·汉萨纳（ Lourdes Jansana ）

洛雷娜·托雷斯
（Lorena Torres）
盖斯卡·苏亚索
（Gaizka Zuazo）
西班牙

设计公司：
LaSuma
地点：
戈尔利斯，比斯开省，西班牙
设计时间：
2009年
建设时间：
2010年
面积：
50000m^2
造价：
10 €/ m^2
业主：
Elorriny Kasaku

R25 · Pujada de Can Barris路面铺装项目

Paving for the Pujada de Can Barris

路易·矢恩·罗加
（ Lluís Rodeja Roca ）
利迪娅·帕拉达·索莱尔
（ Lidia Parada Soler ）
西班牙

设计公司：
Rodejaparada arquitectes
地点：
马斯萨内特德卡夫雷尼斯（ Macanet de Cabrenys ），赫罗纳（ Girona ），西班牙
设计时间：
2009年
建设时间：
2011年
面积：
231m²
造价：
800€/ m²
业主：
Arga Informatica S.A.

R26 老城中心更新

Relinquishing the old Town Centre

温费里德·哈夫纳
（Winfried Häfner）
德国

设计公司：
Häfner/Jimenez Büro für
Landschaftsarchitektur
地点：
萨克森-安哈尔特（Sachsen Anhalt），
德国
设计时间：
2004年
建设时间：
2010年
面积：
3454m²
造价：
84€/ m²
业主：
Sturter Baubetriebe

数据景观：工业综合体的景观干预

Datascape: landscape intervention in industrial complex

安娜·埃斯特韦
（Ana Esteve）
西班牙

设计公司：
AE Land 1988 S.L.
地点：
马尔托雷列斯（Martorelles），巴塞罗那，
西班牙
设计时间：
2008年
面积：
32000m²
业主：
EQ Esteve

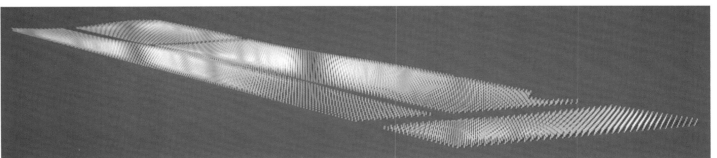

R28 帕萨亚湾整体规划

Pasaia bay

KCAP Architects & Planners
荷兰

设计公司：
KCAP Architects & Planners
地点：
圣塞瓦斯蒂安，吉普斯夸省，西班牙
设计时间：
2010年
面积：
70hm²
业主：
吉普斯夸省议会

美丽与实用——梅希滕贝格风景公园

Venustas et utilitas Mechtemberg landscape park

保罗·布吉
（Paolo Bürgi）
瑞士

设计公司：
Paolo Burgi Landscape Architect
地点：
梅希滕贝格（Mechtemberg），
埃森（Essen），
德国
设计时间：
2010年
建设时间：
2010年
面积：
450000m²
造价：
0.17 €/ m²
业主：
R.V.R. Farmer h.Budde，studio Bürgi

R30　格塞罗拉自然公园的步道提升项目

Accessibility project for the natural park of Collserola, nature for everybody

何塞普·马斯卡罗
（Josep Mascaró）
西班牙

设计公司：
Arxiu Consorci del Parc Natural de la Serra del Collserola

地点：
巴塞罗那，西班牙

设计时间：
2011年

建设时间：
2012年

面积：
14000m²

造价：
14.4 €/ m²

业主：
Arxiu Consorci del Parc Natural de la Serra del Collserola

R31　Sant Francesc林荫大道

Sant Francesc Boulevard

佩蕾·布伊尔
（Pere Buil）
托尼·里瓦
（Toni Riba）
西班牙

设计公司：
Vora arquitectura
地点：
Vilafranca del Penedès，巴塞罗那，西班牙
设计时间：
2009年
建设时间：
2010年
面积：
8500m²
造价：
170 €/ m²
业主：
Fcc
摄影：
阿德里亚·高拉（Adrià Goula）

R32 Pompeu Fabra 广场

Pompeu Fabra square

塞瓦斯蒂亚·霍尔内特
（Sebastià Jornet）
卡莱斯·略普
（Carles Llop）
霍安·恩里奇·帕斯托尔
（Joan Enric Pastor）
弗朗西斯科·费尔南德斯
（Francisco Fernandez）
何塞菲娜·弗朗塔多
（Josefina Frontado）
西班牙

设计公司：
Jornet Llop Pastor Arquiectos
地点：
巴达洛纳，巴塞罗那，西班牙
设计时间：
2011年
建设时间：
2012年
面积：
26000m^2
造价：
272€/ m^2
业主：
Emcofa Sau/ Urbaser Sa
摄影：
阿德里亚·高拉（Adrià Goula）

阿克塞尔·瑟默
（Axel Somme）
挪威

设计公司：
Arkitektgruppen Cubus AS
地点：
默勒-鲁姆斯达尔郡（MØre Romsdal），
韦斯特内斯（Vestnes），挪威
设计时间：
2007~2009年
建设时间：
2012年
面积：
1500m²
造价：
325€/ m²
业主：
韦斯特内斯市议会

R34 | Utoe

Utoe

毛里齐奥·马里奥·奥里
（Maurizio Mario Ori）
意大利

设计公司：
O+AOri Arienti S.r.l. Landscape and architecture

地点：
Donoratico，卡斯塔涅托镇（Castagneto Carducci），利沃诺（Livorno），意大利

设计时间：
2009年

建设时间：
2014年

面积：
634.28 hm^2

造价：
31.53 €/ m^2

业主：
Carducci Sviluppo S.r.l/Villa Donoratico S.r.l

费尔南多·德雷特斯
（Fernando De Retes）
巴勃罗·卡沃内利
（Pablo Carbonell）
帕洛马·费雷尔
（Paloma Ferrer）
纳塔利娅·略伦特
（Natalia Llorente）弗
兰·阿韦良
（Fran Abellán）
奥利维娅·罗德里格斯
（Olivia Rodríguez）
胡安·米格尔·加莱拉
（Juan Miguel Galera）
恩里克·奥昌多
（Enrique Ochando）
恩卡纳·卡尤埃拉
（Encarna Cayuela）
西班牙

设计公司：
Retesarquitectos，Ecoproyecta，Paraidesa，
GEA
地点：
阿尔坎塔里利亚（Alcantarilla），穆尔西
亚（Murcia），西班牙
设计时间：
2010年
面积：
418076.42m²
业主：
阿尔坎塔里利亚市政府公共工程和城市
规划部（CARM）

R36　特纳寺纪念场所——寻求反身性考古学

Turner temple-memorial site-searching for a
reflexive archaelogy

亚诺什·卡拉斯
（János Kárász）
奥地利

设计公司：
AUBÖCK+KÁRÁSZ Landscape Architects
and Architects
地点：
维也纳，奥地利
设计时间：
2011年
建设时间：
2011年
面积：
535m²
造价：
282 €/ m²
业主：
Rauter，Grürt

R37 | Erwin Broner 观景点

Erwin Broner viewpoint

斯特凡诺·科尔特利亚罗
（Stefano Cortellaro）
西班牙

设计公司：
Stefano Cortellaro
Estudi d'arquitectura
地点：
伊比萨，西班牙
设计时间：
2010年
建设时间：
2011年
面积：
120m²
造价：
35 €/ m²
业主：
Hermanos Parrot S.L.

R38 太阳风

Solar wind

费朗切斯科·科拉罗西
（Francesco Colarossi）
焦万纳·萨拉奇诺
（Giovanna Saracino）
路易莎·萨拉奇诺
（Luisa Saracino）
意大利

设计公司：
COFFICE studio di architettura e urbanistica

地点：
雷焦卡拉布里亚（Reggio Calabria），意大利

设计时间：
2011年

面积：
1800m²

造价：
40000000 €

Angel Marqués 广场和 Bonaventura de Falset 街道的改造项目

Rearrangement of Angel Marqués square and Bonaventura de Falset street

J. 曼努埃尔·萨基雷
（J. Manuel Zaquirre）
阿尔韦托·福马特格尔
（Alberto Formatger）
西班牙

设计公司：
ZFA Arquitecture & Urban Lab
地点：
法尔塞特区（Falset），
塔拉戈纳（Tarragona），西班牙
设计时间：
2010年
建设时间：
2012年
面积：
1300m²
造价：
372 €/ m²
业主：
法尔塞特市议会
摄影：
Pepo Segura

R40 观景台和野餐区

Star viewpoint and picnic trees

塞尔希奥·塞瓦斯蒂安
（Sergio Sebastián）
西班牙

设计公司：
Sergio Sevastián Fernando Muñoz
arquitectos
地点：
萨拉戈萨，西班牙
设计时间：
2009年
建设时间：
2011年
造价：
30 €/ m²
业主：
Molom sl

R41 Alguer 街道公共空间改造和斜升扶梯一体化项目

Rearrangement of public space and integration of inclined lift in Alguer street

霍尔迪·罗梅罗
（Jordi Romero）
西班牙

设计公司：
AAUP_arquitectes associatrs，
urbanisme i paisatge
地点：
巴塞罗那，西班牙
设计时间：
2010年
建设时间：
2011年
面积：
1487m²
造价：
1557.53 €/ m²
业主：
Dragados S.A.

R42 阿尔特多夫公园

Loftpark Altdorf

斯特凡·多纳特·凯夫利
（Stephan Donat Koepfli）
瑞士

设计公司：
Koepflipartner，landschaftsarchitekten bsla
地点：
乌里（Uri），阿尔特多夫（Altdorf），
瑞士
设计时间：
2009~2010年
建设时间：
2010~2011年
面积：
7000m²
造价：
171.42€/ m²
业主：
Suva Switzerland
摄影：
Dominique Wehrli

R43 Frossos's Pateira 恢复和提升项目

Restoration and improvement of Frossos's Pateira

路易斯·卡瓦略
（Luís Carvalho）
费朗西斯科·卡瓦略
（Francisco Carvalho）
努诺·科斯塔
（Nuno Costa）
葡萄牙

设计公司：
AAUP_arquitectes associats，
urbanisme i paisatge
地点：
阿尔贝加里亚·阿韦利亚（Albergaria-a-
Velha），阿威罗（Aveiro），葡萄牙
设计时间：
2010年
建设时间：
2012年
面积：
60000m²
造价：
6.64€/ m²
业主：
Ibersilva

恩里克·明格斯
（Enrique Mínguez）
西班牙

设计公司：
Enrique Mínguez arquitectos
地点：
托塔纳镇（Totana），穆尔西亚，西班牙
设计时间：
2004年
建设时间：
2008年
面积：
20567m^2
造价：
57.6 €/ m^2
业主：
托塔纳镇议会
摄影：
戴维·弗鲁托斯（David Frutos）

R45 Metabolon 技术花园

Metabolon

托马斯·芬纳
（Thomas Fenner）
德国

设计公司：
FSWLA Landschafsarchitektur
地点：
北莱因-威斯特伐利亚州，莱佩（Leppe），
恩格斯基兴（Engelskirchen）
设计时间：
2009年
建设时间：
2011年
面积：
315000m²
造价：
32.7 €/ m²
业主：
Stade

R46 布鲁塞尔2040

Brussels 2040

巴斯·斯梅茨
（Bas Smets）
比利时

设计公司：
Bureau Bas Smets
地点：
布鲁塞尔首都区，比利时
设计时间：
2012年
建设时间：
2012年
面积：
326100m²

恩里克·明格斯
（Enrique Mínguez）
西班牙

设计公司：
Enrique Mínguez arquitectos
地点：
普列戈（Pliego），穆尔西亚（Murcia），
西班牙
设计时间：
2009年
面积：
49580m²
造价：
60.5€/ m²
业主：
普列戈市议会

法北奥·瓦宁
（Fabio Vanin）
恩里科·安圭拉
（Enrico Anguillari）
马尔科·兰扎托
（Marco Ranzato）
图利娅·隆巴尔多
（Tullia Lombardo）
瓦伦蒂娜·博尼法西奥
（Valentina Bonifacio）
意大利

设计公司：
Latitude_Platform for urban research and design，Studio Iknoki
地点：
威尼托，意大利
设计时间：
2012年
建设时间：
2012年
面积：
威尼托地区
造价：
15000€
业主：
第五届鹿特丹国际建筑双年展（IABR）

埃特纳火山与海之间——阿奇卡泰纳景观规划

Caught between mount Etna volcano and the sea, the town of Aci Catena Landscape Plan

钦齐亚·迪·保拉
（Cinzia Di Paola）
维托·马尔泰利安诺
（Vito Martelliano）
西莫纳·卡尔瓦尼亚
（Simona Calvagna）
意大利

设计公司：
Atelier Paesaggio
地点：
阿奇卡泰纳（Aci Catena），
卡塔尼亚（Catania），意大利
设计时间：
2009年
面积：
8.5km^2
业主：
阿奇卡泰纳市议会

雅典Tourkovounia 总体规划

Masterplan of Tourkovounia-Athens

斯塔夫罗斯·索菲亚诺普
洛斯
（Stavros Sofianopoulos）
无利娅·德劳格
（Ioulia Drouga）
希腊

地点：
雅典，Mvnicipalities of athens-galatsi-
psihico，希腊
设计时间：
2011年
建设时间：
进行中
面积：
250hm²
造价：
6€/ m²
业主：
希腊环境、能源和气候变化部，雅典规
划和环境保护组织

毛里齐奥·韦吉尼
（Maurizio Vegini）
露西娅·努斯纳
（Lucia Nusiner）
卡图斯恰·拉托
（Katuscia Ratto）
意大利

设计公司：
Studio GPT-giardini paesaggio territorio
地点：
贝加莫（Bergamo）
伦巴第大区（Lombardia）
设计时间：
2011年
建设时间：
2011年
面积：
1300m²
造价：
40€/ m²
业主：
Giardini Arioldi and Verde Idea

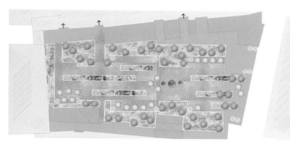

塔克赛尔·曼雷萨
（Txell Manresa）
戴维·帕雷拉斯
（David Pareras）
托尼·马里
（Toni Mari）
西班牙

设计公司：
Mipmarí arquitectura i disseny s.l.p.
地点：
巴塞罗那
设计时间：
2008年
建设时间：
2009年
面积：
1850m²
造价：
230€/ m²
业主：
Riera i Blanch

R53 佛荷米尔圩田

Volgermeerpolder

里克·德菲瑟
（Rik de Visser）
荷兰

设计公司：
Vista landscape architecture and urban planning

地点：
瓦特兰（Waterland），阿姆斯特丹，荷兰

设计时间：
2011年

建设时间：
2011年

面积：
1000000m²

造价：
70€/ m²

业主：
Markus-Boskalis,de VriesvdWiel

R54 布尔戈斯林荫大道

Burgos Boulevard

赫尔佐格&德梅隆
（Herzog & de Meuron）
米歇尔·德维涅
（Michel Desvigne）
瑞士/法国

设计公司：
Herzog & de Meuron　Michel Desvigne
Paysagiste（MDP）

地点：
布尔戈斯，西班牙

设计时间：
2006~2009年

建设时间：
2008~2012年

面积：
180000m²

业主：
布尔戈斯铁路托管联合会，西班牙

摄影：
MDP及赫尔佐格&德梅隆

Lankheet 水处理公园

Water treatment Park Lankheet

贝尔诺·斯特罗特曼
（Berno Strootman）
荷兰

设计公司：
Strootman Landschapsarchitecten
地点：
哈克斯贝亨（Haaksbergen），上艾瑟尔省
设计时间：
2004~2006年
建设时间：
2006~2008年
面积：
90000m²
造价：
9€/ m²
业主：
Lankheet bv
摄影：
哈里·科克（Harry Cock）

贝尔诺·斯特罗特曼
（Berno Strootman）
荷兰

设计公司：
Strootman Landschapsarchitecten
地点：
阿恩亨泽（Aa en Hunze），
德伦特省
设计时间：
2007~2008年
建设时间：
2010~2014年
面积：
295hm²
造价：
0.34€/ m²
业主：
荷兰北部地区林业委员会
摄影：
哈里·科克（Harry Cock）

R57 卡达克斯Ses Herbes i Es Portitxo滨水区和旧城镇改造

Rearrangement for the waterfront and oldtown Ses Herbes i Es Portitxó in Cadaqués

霍安·法尔格拉斯
（Joan Falgueras）
西班牙

设计公司：
Joan Falgueras Font，arquitecte
地点：
卡达克斯（Cadaqués），西班牙
设计时间：
2007年
建设时间：
2011年
面积：
4500m^2
造价：
227€/ m^2
业主：
卡达克斯市议会，INCASOL

R58 拉欧尔米达罗马别墅遗址

Roman Villa La Olmeda

安赫拉
（Ángela）
加西亚·德帕雷德斯
（García de Paredes）
伊格纳西奥
（Ignacio）
加西亚·佩德罗萨
（García Pedrosa）
西班牙

设计公司：
ParedesPedrosa Arquitectos
地点：
佩德罗萨德拉韦加（Pedrosa de la Vega），
帕伦西亚（Palencia），西班牙
设计时间：
2005年
建设时间：
2009年
面积：
7130m²
造价：
1070.51€/ m²
业主：
帕伦西亚市议会
摄影：
罗兰·哈尔伯（Roland Halbe）

R59 宏达瑞比亚城墙干预

Interventions in the Hondarribia walls

纳萨雷特·卡诺尼科
（Nazaret Canónico）
哈维尔·乌兰加
（Xavier Uranga）
西班牙

设计公司：
Uranga_Canónico Arquitectos

地点：
宏达瑞比亚，吉普斯夸省（Guipuzcoa）

设计时间：
2009年

建设时间：
2010年

面积：
2727m²

造价：
390€/ m²

业主：
U.T.E. Karber-Azysa

摄影：
爱德华多·比达特·查罗拉
（Eduardo Vidarte Charola）

蒙特塞拉特·希内
（Montserrat Giné）
西班牙

设计公司：
巴拉格尔市议会

地点：
巴拉格尔（Balaguer），莱里达市（Lleida），西班牙

设计时间：
2005年

建设时间：
2010年

面积：
164000m²

造价：
102.81€/ m²

业主：
巴拉格尔市议会

摄影：
霍尔迪·贝尔纳多（Jordi Bernadó）/哈维尔·戈尼（Xavier Goñi）/马门·多明戈（Mamen Domingo）

H+N+S 景观事务所
荷兰；

51N4E
比利时

设计公司：
H+N+S景观事务所，51N4E
地点：
Arnavutköy，伊斯坦布尔，土耳其
设计时间：
2011~2012年
面积：
16000hm²
业主：
Arnavutköy市，荷兰鹿特丹国际建筑双
年展

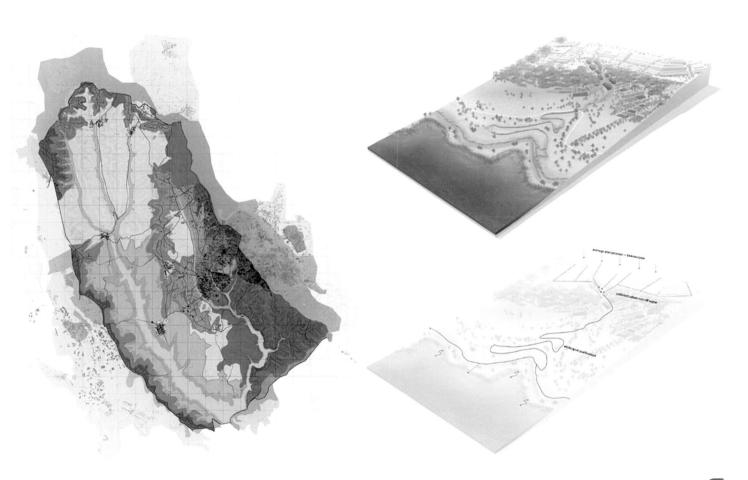

卡洛斯·弗莱雷
（Carlos Freire）
塞利亚·洛萨诺
（Celia Lozano）
西班牙

设计公司：
Carlos Freire+Celia Lozano arquitectes
地点：
普奇塞达（Puigcerdà），赫罗纳，西班牙
设计时间：
2009年
建设时间：
2011年
面积：
2002m^2
造价：
25030 €/ m^2
业主：
普奇塞达市议会

R63 赫罗纳儿童之家运动场和开放空间

Playgrounds and open spaces for a children's home in GIRONA

马丽娜·塞韦拉
（Marina Cervera）
何塞普·梅卡德
（Josep Mercadé）
玛丽亚·阿隆索·德梅迪纳
（Maria Alonso de Medina）
西班牙

设计公司：
Cervera-Alonso de Medina-Mercadé Arquitectes
地点：
Puig d'en Roca，赫罗纳，西班牙
设计时间：
2006年
建设时间：
2010年
面积：
2200m²
造价：
47 €/ m²
业主：
GISA
摄影：
何塞普·梅卡德（Josep Mercadé）

设计公司：
H+N+S景观事务所

地点：
Haarlemmemeer，Polderbaan（史基浦）
附近，荷兰

设计时间：
2012年

建设时间：
2013年

面积：
33000m²

造价：
70 €/ m²

业主：
Stichting Mainport en Groen，阿姆斯特丹
史基浦机场

R65 Claterna 公园考古遗址覆盖构筑

Covers for archaeological excavations in the Claterna park

费代里科·斯卡利亚里尼
（Federico Scagliarini）
克里斯蒂纳·塔尔塔里
（Cristina Tartari）
意大利

设计公司：
TASCA studio Scagliarini + Tartari

地点：
奥扎诺-德尔艾米利亚（Ozzano dell'Emilia），
博洛尼亚（Bologna），意大利

设计时间：
2009年

建设时间：
2009年

面积：
256m²

造价：
195.31€/ m²

业主：
QBO srl

摄影：
法比奥·曼托瓦尼（Fabio Mantovani）

R66 伊沃拉–马约尔广场

Major d`Ivorra square

安东尼·马蒂·法利普
（Antoni Martí Falip）
何塞普·埃斯特韦
（Josep Esteve）
西班牙

设计公司：
Antoni Martí Falip Arquitecte
地点：
伊沃拉（Ivorra），莱里达市（Lleida），
西班牙
设计时间：
2010年
建设时间：
2011年
面积：
1639.02m²
造价：
190€/ m²
业主：
Constructora de Calaf SAU

霍尔迪·巴利
（ Jordi Vall ）
洛莱斯·埃雷罗
（ Loles Herrero ）
西班牙

地点：
拜斯帕利亚尔斯（ Baix Pallars ），西班牙
设计时间：
2010~2011年
面积：
12218hm^2
业主：
拜斯帕利亚尔斯市议会
摄影：
弗兰塞斯克·赫尔马因·阿里斯
（ Francesc Germain Arisò ）

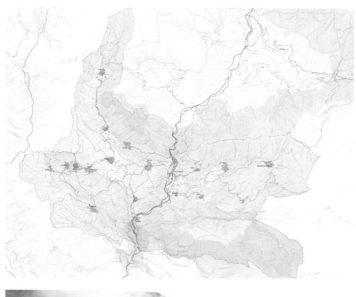

R68 加尔达从未停止——身份认同和归属感

Garda never stops, Identity and belonging

马尔科·阿列利
（Marco Ardielli）
保拉·福尔纳萨
（Paola Fornasa）
意大利

设计公司：
Ardielli Associati
地点：
加尔达湖（Garda Lake），维罗纳，意大利
设计时间：
2011年
建设时间：
2012年
面积：
300000m²
业主：
加尔达市议会

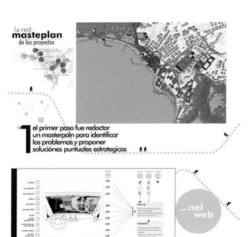

la red
masteplan
de los proyectos

1 el primer paso fue redactar
un masterpaln para identificar
los problemas y proponer
soluciònes puntuales estrategicas

...nel
web

2 el segundo fue informar la poblaciòn de todo el proceso
a través de un soporte web interactivo, para que todos
los ciudadanos pudieran compartir sus opciones
y comprender lo que significa mantener
y transformar sus ciudad

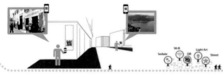

el tercer paso quiere responder a la pregunta
"que podemos hacer hoy, en la actual crisis económica,
para implementar el paisaje urbano de nuestra ciudad?"

3 QR

Garda propone un proyecto de bajo coste
para redescubrir la identidad y pertenencia, porquè
para trabajar sobre el paisaje es fundamental
recordar a quien lo vive su significado.

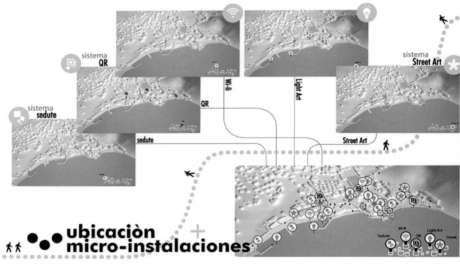

sistema
QR

sistema
sedute

sistema
Street Art

Wi-fi

QR

Light Art

sedute

Street Art

Sedute Wi-fi QR Light Art Street

**ubicaciòn
micro-instalaciones** +

a

b

R69 巴拉格尔城墙

Walls of Balaguer

安东尼·马蒂·法利普
（Antoni Martí Falip）
何塞普·埃斯特韦
（Josep Esteve）
西班牙

设计公司：
Antoni Marti Falip Arquitecte

地点：
巴拉格尔（Balaguer），
莱里达市（Lleida），西班牙

设计时间：
2010年

建设时间：
2011年

面积：
675m²

造价：
405€/ m²

业主：
Construccions J.Martin

R70 从雅典到艾留西斯的神圣之路——重构欧洲最古老的道路

Sacred Road (Iera Odos) from Athens to Eleusis. Restuucturing the oldest road in Europe

亚历山大·博菲尔利亚斯
（Alexander Bofilias）
希腊

设计公司：
Alexander Bofilias Landscape Architecture
地点：
雅典，希腊
设计时间：
2001~2010年
面积：
440hm²
业主：
雅典总体规划和环境保护组织，希腊环境、空间规划和公共工程部

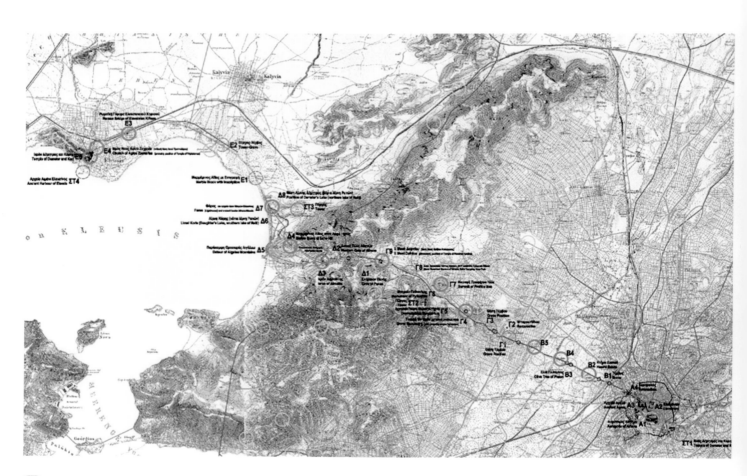

R71 卡萨布兰卡社区整体提升规划

Integral improvement plan of Casablanca neighborhood

马里亚·萨利纳斯
（Maria Salinas）
米雷娅·马塔斯
（Mireia Matas）
保·拉米斯
（Pau Ramis）
F2m设计师
（F2m Arquitectura）
布兰卡·费尔南德斯
（Blanca Fernàndez）
费兰·巴列斯特罗斯
（Ferran Ballesteros）
西班牙

设计公司：
Ajuntament de Sant Boi de Llobregat
地点：
Sant boi de Llobregrat，巴塞罗那
设计时间：
2008年
建设时间：
2011年
面积：
24865m²
造价：
34.78€/ m²
业主：
Ajuntament de Sant Boi de Llobregat
摄影：
佩雷·卡尼亚梅罗（Pere Cañamero）

恩里克·巴特列
（Enric Batlle）
霍安·罗伊格
（Joan Roig）
西班牙

设计公司：
Battle & Roig Arquitectes
地点：
Vacarisses，巴塞罗那，西班牙
设计时间：
2008年
建设时间：
2010年
面积：
40000m^2
造价：
1750€/ m^2
业主：
Consortium for municipal Waste
Management Vallès Occidental
摄影：
弗朗西斯科·乌鲁蒂亚
（Francisco Urrutia）

托尼·希罗内斯
（Toni Gironès）
西班牙

设计公司：
Estudi d'arquitectura Toni Gironès Saderra
地点：
吉索纳（Guissona），
莱里达市（Lleida），西班牙
设计时间：
2008~2010年
建设时间：
2011年
面积：
12000m²
造价：
12€/ m²
业主：
吉索纳考古委员会，Constructora Mariano
Ros S.L.
摄影：
Aitor Estévez，
Toni Gironès，
Desdedalt Fotografia Aèria

赫利·潘加洛
（Helli Pangalou）
希腊

设计公司：
Elandscape

地点：
雅典

设计时间：
2010年

建设时间：
2011年

面积：
1200m²

业主：
Arcon Constructions

R75 雷焦艾米利亚北部基础设施更新景观规划

Landscape planning project for the renewal of the northern infrastructures in Reggio Emilia

卡洛·梅齐诺
（Carlo Mezzino）
彼得罗·佩龙
（Pietro Peyron）
艾丽斯·鲁杰里
（Alice Ruggeri）
意大利

设计公司：
Carlo Mezzino，Pietro Peyron e Alice Ruggeri architetti
地点：
雷焦艾米利亚（Reggio Emilia），意大利
设计时间：
2007年
面积：
200hm²
业主：
Unià di progetto alta velocità /雷焦艾米利亚市议会

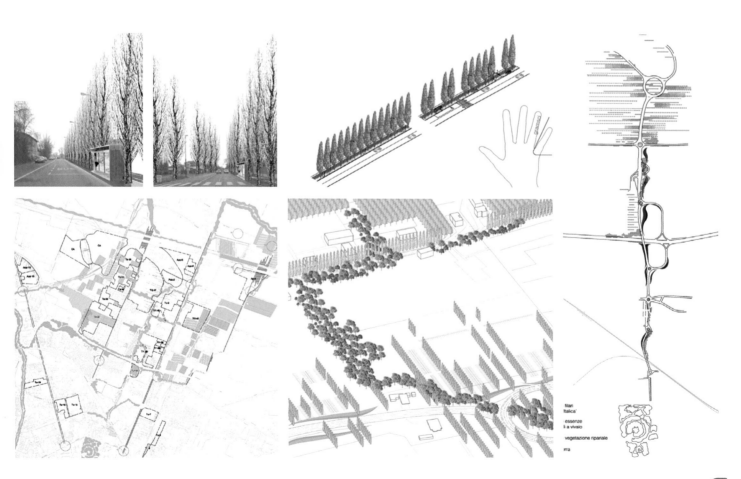

R76 Barranco de Beniopa城区总体规划

Masterplan for the urban area of the Barranco de Beniopa

布兰卡·佩宁
（Blanca Peñín）
阿尔韦托·佩宁
（Alberto Peñín）
伊丽莎白·金塔尼亚
（Elisabet Quintana）
西班牙

设计公司：
Peñín Arquitectos S.L.P.
地点：
刚迪亚（Gandia），
巴伦西亚，西班牙
设计时间：
2009年
建设时间：
2012年
面积：
27.92 hm²
造价：
14.32€/ m²
业主：
刚迪亚市议会

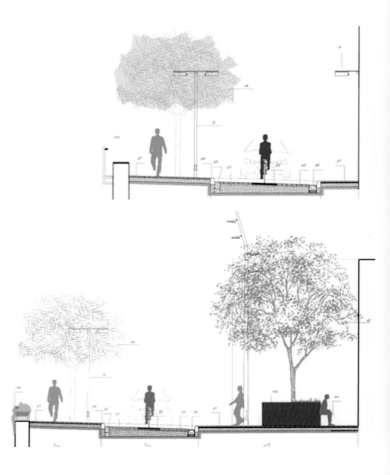

雅典奥林匹克村周边环境及入口改造

Restructuring of the surroundings and accesses of
the Olympic Village of Athens

亚历山大·博菲尔利亚斯
（Alexander Bofilias）
希腊

设计公司：
Alexander Bofilias Landscape Architecture
地点：
雅典，阿提卡（Attica），希腊
设计时间：
2002~2003年
建设时间：
2003~2010年
面积：
15000m²
造价：
132.74€/ m²
业主：
希腊环境、空间规划和公共工程部

托尼·希罗内斯
（Toni Gironés）
西班牙

设计公司：
Estudi d'arquitectura Toni Gironès Saderra

地点：
巴塞罗那，西班牙

设计时间：
2008~2011年

建设时间：
2012年

面积：
2500m²

造价：
48€/ m²

业主：
Montmeló 及 Montornès del Vallès市议会，
Moix serveis i obres S.L.

摄影：
Sabem.com y Aeroproduccions，Aitor
Estévez，Toni Gironès

Oliveretes 地区的城市化项目，绿色空间

Urbanization project for the Oliveretes area, green spaces

莫伊塞斯·加列戈
（Moisés Gallego）
曼努埃尔·雷文托斯
（Manuel Reventós）
安娜·萨奥内罗
（Anna Zahonero）
西班牙

设计公司：
（AZ）paisatge
地点：
维拉德坎斯（Viladecans），巴塞罗那
设计时间：
2010年
面积：
215800m²
造价：
15.63€/ m²

R80 斯佩罗环境及景观管理总体规划

Environmental and Landscape management masterplan in Spello

安娜·兰贝蒂尼
（Anna Lambertini）
泰萨·马泰尼
（Tessa Matteini）
西尔维娅·曼托瓦尼
（Silvia Mantovani）
意大利

设计公司：
LIMES Architettura del Paesaggio，Firenze
地点：
斯佩罗（Spello），佩鲁贾（Perugia），
意大利
设计时间：
2011年
面积：
61300000m²
业主：
斯佩罗市议会

马拉加阿尔卡萨瓦城堡坡道设计和罗马剧院景观改造

Landscape rearrangment for the Ladera de la Alcazaba and the roman theather in Malaga

伊尼亚基·佩雷斯
（Iñaki Pérez）
克里斯蒂纳·加西亚
（Cristina Garcia）
西班牙

设计公司：
OAM Oficina Arquitectura Málaga
地点：
马拉加（Malaga），西班牙
设计时间：
2009年
建设时间：
2011年
面积：
9958m²
造价：
80.33€/ m²
业主：
马拉加市议会
摄影：
赫苏斯·格拉纳达（Jesús Granada）

阿空加瓜谷电能中心总体规划

Masterplan for electricity generators in Valle del Aconcagua

西尔维娅·温杜拉加
（Silvia Undurraga）
弗朗西斯卡·希尔泽
（Francisca Sealzer）
克劳迪奥·马格里尼
（Claudio Magrini）
里卡多·阿瓦瓦德
（Ricardo Abuauad）
伦佐·阿尔瓦诺
（Renzo Alvano）
智利

地点：
阿空加瓜谷（Valle del Aconcagua），智利
设计时间：
2009年
面积：
120000m²

R83 Plata. 卡斯蒂利亚遗产路径和帕拉西奥斯德萨尔瓦 & 托帕斯景观干预

Iter Plata. The silver path in Castilla and the interventions in Palacios de Salvatierra&Topas

米格尔·安赫尔
（Miguel Ángel）
德拉伊格莱西亚
（de la Iglesia）
西班牙

地点：
萨拉曼卡（Salamanca），西班牙
设计时间：
2011年
建设时间：
2012年
造价：
76€/ m²
业主：
Construcciones G.C.

R84 阿塔普埃卡废水净化湿地修复

Rehabilitation of wetlands for water depuration of waste waters in Atapuerca

比森特·帕雷德斯
（Vicente Paredes）
阿尔韦托·M·托斯顿
（Alberto M.Tostón）
西班牙

设计公司：
HYDRA Ingeniería y Gestión Ambiental S.L.
地点：
阿塔普埃卡（Atapuerca），布尔戈斯（Burgos），西班牙
设计时间：
2005年
建设时间：
2009年
面积：
200000m^2
造价：
2.70€/ m^2
业主：
杜罗河（Douro）流域联盟环境部

R85 克利奥耐古采石场"聚焦移动"

"Focus in motion" on the ancient quarry of Kleonai

阿斯帕西娅·科祖皮
（Aspassia Kouzoupi）
内拉·戈兰达
（Nella Golanda）
希腊

设计公司：
SCULPTED ARCHITECTURAL
LANDSCAPES：
Golanda+Kouzoupl
地点：
科林斯-斯巴达新国家高速公路，古克利
奥耐（Ancient Kleonai）（科林斯，希腊）
设计时间：
2010~2011年
建设时间：
2011年
面积：
12000m^2
造价：
37.5€/ m^2
业主：
MOREAS joint-venture

R86 巴伦西亚花园保护规划

Landscape intervention plan of protection for
Valencia garden

阿兰查·穆尼奥斯
（Arancha Muñoz）
西班牙

设计公司：
巴伦西亚政府
地点：
巴伦西亚（Valencia），西班牙
设计时间：
2008年
建设时间：
2010年
面积：
220000m²
摄影：
布鲁诺·阿尔梅拉（Bruno Almela）

R87 萨索皮萨诺，萨索二号工业地热能源中心开放空间和参观流线改造设计

Sasso Pisano, restyling of the industrial geothermal complex Sasso2, open spaces and visit route

乔瓦尼·塞拉诺
（Giovanni Selano）
达尼埃拉·莫德里尼
（Daniela Moderini）
意大利

地点：
萨索 皮萨诺（Sasso Pisano）
设计时间：
2011年
建设时间：
2012年
面积：
31000m²
造价：
22€/ m²

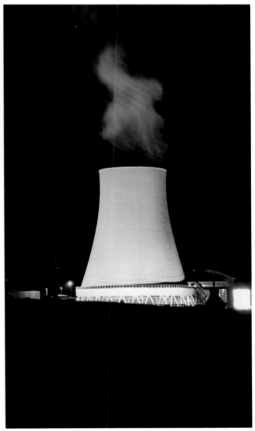

R88 希腊景观——首个希腊文化景观图集

Greekscapes, the development of the first Atlas of Landscapes in Greece

玛丽亚·古拉
（Maria Goula）
科斯蒂斯·哈吉米哈利斯
（Costis Hadjimichalis）
乔治·梅利苏尔戈斯
（Giorgos Melissourgos）
阿吉罗·穆戈利亚
（Argyro Moungolia）
德斯皮娜·吉尔迪
（Despina Girdi）
安蒂戈尼·法卡
（Antigoni Faka）
希腊

设计公司：
雅典Harokopio大学地理系人文和应用地理实验室
设计时间：
2008~2010年
面积：
全希腊
造价：
60000000€
业主：
希腊 John Latsis 基金会

连接

1个入围/ 114个项目

A1 马丁·路德·金公园

Martin Luther King park

杰奎琳·欧斯提
（Jacqueline Osty）
弗朗索瓦·格雷特尔
（Francois Grether）
法国

设计公司：
Atelier Jacqueline Osty & Associés SARL
地点：
巴黎，法国
设计时间：
一期：2005~2006年
二期：2008~2011年
建设时间：
一期：2007年
二期：2012~2016年
面积：
10hm²
造价：
一期：10850000€
预算（二期）：13000000€
业主：
Division of green spaces and environment of Paris（DEVE）
摄影：
Arnauld Duboys Fresney/ Paris Batignolles Aménagement/ Didier Favre

finalist / finalista

克里希·巴蒂涅奥勒（Clichy Batignolles）区域坐落于老火车站地区，即将开发成为一个43hm²的新城区（巴黎中心最后的开发预留区之一）。该项目的重点是将公园融入周边3500户住宅、办公楼、商业和公共服务设施组成的城市肌理中。作为可持续发展的典范，这个10hm²的公园是一个示范项目，由风景园林师Jacqueline Osty、城市建筑师Francois Grether和OGI的工程师进行设计。项目管理团队自2003年开始就与多方的经济和机构参与者一起进行项目运作。新区的建设使Batignolles公园融入了未来的城市肌理里。公园道路是城市道路的延伸，连接了社区和现有的绿色空间。南北向和东西向的城市道路以林荫步道的形式延伸到公园中。公园建在铁路站台区域，整体保持了最初水平的地形，只有在西侧，通过台阶和坡道跨越圣拉扎尔（St-Lazare）铁路。巴黎内环铁路作为历史遗迹被一个具有水处理功能的湖面环绕。整个公园以当代多元化和演进的方式发展出了3个主题：季节性的多样化的生态系统；水作为一种珍贵的休闲和生态组成部分；以及健身主题，包括多样的体育和娱乐用途。植被作为公园的重要组成：自然元素构成了新的城市框架。通过一连串的景观单元，公园营造了各种不同的场所和环境。一些场地被植物围合起来，是适合儿童、青少年的娱乐场地，而另外一些延伸至种植条带之间。在更大的尺度上，位于两侧的辽阔草地提供了多种开放空间的可能性。景观设计中纳入活动体现了将一种城市美学刻进公园里。这样，随着大量游客的使用，公园和预期相一致。公园设计强有力地遵循了可持续发展的原则，实施能源和水资源的管理，创造多样生态系统促使生物多样性的增加，同时整合与回收场地现有的材料。

可持续水管理：以一种美学的、休闲的和可持续的方式来实行管理原则，主要做法有，利用雨水、塞纳河水和附近巴蒂涅奥勒（Batignolles）花园排放的水，将水净化并储存在3000m³的蓄水池以及11000m³的湖体中（湖体还承担水生植物处理），回收和利用这些水并用来灌溉，尽量少地将水排放到污水管网中。

可持续能源：部分可持续技术包括，在建筑物Forge上使用太阳能板和生物气候学方法，使用太阳能板和低能耗设备为公园照明，使用风力发动机进行种植沟里的水循环。重新使用场地现有材料：塑造地形避免土壤流失，应合理整合多余的土壤；场地现有材料如路面铺装、铁轨和其他工业材料都在公园设计中回收再利用。

A2 · 宫殿广场

Schlossplatz

亨里·巴瓦
（Henri Bava）
德国

设计公司：
Agence Ter.de GmbH

地点：
Baden-Wemberg，卡尔斯鲁厄（Karlsruhe），
德国

设计时间：
2010年

建设时间：
2011年

面积：
18500m²

造价：
108€/ m²

业主：
bau GRG

A3　玛丽亚马尔托里城市公园

Urban park Maria Martori

霍夫雷·罗加·卡拉夫
（ Jofre Roca Calaf ）
西班牙

设计公司：
Jofre Roca Estudi d'Arquitectura
地点：
塔拉戈纳（ Tarragona ），蒙特-罗伊格德
尔坎普（ Mont-roig del Camp ），西班牙
设计时间：
2007年
建设时间：
2008年
面积：
5488m^2
造价：
113.17€/ m^2
业主：
Gilabert Miró

A4 加泰罗尼亚广场

Països Catalans Square

何塞普·巴尔
（Josep Val）
阿尔瑙·索莱
（Arnau Solé）
西班牙

设计公司：
VS arquitectura
地点：
巴塞罗那，西班牙
设计时间：
2010年
建设时间：
2011年
面积：
5014m²
造价：
226€/ m²
业主：
Primiliá Serveis SA/ Premiá de Mar City
Council

阿兰·戈尔特西梅尔
（Alain Goldtsimmer）
法国

设计公司：
Atelier AG Paysagiste
地点：
尼斯市（Ville de Nice），法国
设计时间：
2009年
建设时间：
2011年
面积：
31000m²
造价：
433€/ m²
业主：
Métropole Nice Côte D'Azur

A6 格雷德瑞克公园

Park am Gleisdreieck

莱昂纳德·格罗施
（Leonard Grosch）
德国

设计公司：
Atelier LOIDL Landscape Architects
地点：
柏林，德国
设计时间：
2006~2007年
建设时间：
2009~2013年
造价：
12000000€
业主：
柏林政府，Grun 柏林基金会
摄影：
Julien Lanoo

A7 蕾丝花园

Lace Garden

阿努克·福格尔
（Anouk Vogel）
荷兰

设计公司：
Anouk Vogel landscape architecture

地点：
阿姆斯特丹，荷兰

设计时间：
2008年

建筑年限：
2010年

面积：
2180m²

造价：
27.52€/m²

业主：
Ymere

摄影：
杰伦·米施（Jeroen Musch）

阿萨纳西奥斯·波利佐季斯
（Athanasios Polyzoidis）
凯特琳娜·佩察休
（Katerina Petsiou）
希腊

地点：
雅典，希腊
设计时间：
2010年
面积：
6980m²
业主：
雅典考古遗址重建联合会及政府环境、
能源和气候变化部

A9　市议会公墓扩建

Extention of Towncouncil Cemetery

霍夫雷·罗加·卡拉夫
（Jofre Roca Calaf）
西班牙

设计公司：
AAB arquitectes

地点：
塔拉戈纳（Tarragona），蒙特-罗伊格德尔坎普（Mont-Roig Del Camp），西班牙

设计时间：
2007年

建设时间：
2008年

面积：
1750m²

造价：
228€/ m²

业主：
Gobra Instalaciones Y Servicios，S.A.

卡多纳市政中心和历史中心新入口

Civic center and new access to the historical centre of Cardona

佩雷·圣玛丽亚
（Pere Santamaria）
西班牙

设计公司：
Santamaria，arquitectes
地点：
卡多纳（Cardona），巴塞罗那，西班牙
设计时间：
2010年
建设时间：
2011年
面积：
565.46m²
造价：
1559.73€/ m²
业主：
卡多纳市议会
摄影：
弗兰塞斯克·鲁维·卡萨尔斯
（Francesc Rubí Casals）

市议会公墓扩建和改造

Extention and rearrangement of townconcil cemetery

米格尔·阿隆索
（Miguel Alonso）
罗伯托·埃尔维蒂
（Roberto Erviti）
马门·埃斯科里韦拉
（Mamen Escorihuela）
西班牙

设计公司：
Mrmarquitectos
地点：
纳瓦拉（Navarra），西班牙
设计时间：
2006年
建设时间：
2011年
面积：
1917m^2
造价：
47€/ m^2
业主：
Construcciones INAGAR s.l.
摄影：
迈克尔·穆鲁萨瓦尔·多梅诺
（Mikel Muruzabal Domeño）

A12 毕哲莫尔公园

Bijlmerpark

弗朗辛·霍本
（Francine Houben）
荷兰

设计公司：
Mecanoo Architecten

地点：
北荷兰省，阿姆斯特丹，荷兰

设计时间：
2003~2004年

建设时间：
2009~2011年

面积：
320000m²

业主：
阿姆斯特丹东南区

摄影：
Machteld Schoep

A13 潮汐规划——生活在潮汐景观中

Plan Tide, living in a tidal landscape

范维克·保利斯·弗朗西斯库斯
（Van Wijk Paulus Franciscus）
荷兰

设计公司：
Stijlgroep landcape and urban design
地点：
多德雷赫特（Dordrecht），南荷兰
设计时间：
2001~2009年
建设时间：
2007~2010年
面积：
110000m²
造价：
1400000€
业主：
De Koning-wessels Vastgoed

伊丽莎白·金塔尼亚
（Elisabet Quintana）
巴勃罗·佩宁
（Pablo Peñín）
西班牙

设计公司：
Peñín Arquitectos S.L.P.
地点：
巴伦西亚（Valencia），阿尔沃拉亚（Alboraya）
设计时间：
2008年
建设时间：
2011年
面积：
10392m²
造价：
107€/ m²
业主：
ALDESA，construcciones y contratas
摄影：
迭戈·奥帕索（Diego Opazo）

诺埃米·马丁内斯
（Noemí Martínez）
西班牙

设计公司：
MMAMB

地点：
奥斯皮塔莱特-德略布雷加特（Hospitalet de Llobregat），巴塞罗那，西班牙

设计时间：
2010年

建设时间：
2011年

面积：
898m²

造价：
639€/ m²

业主：
Construccions Rubau

摄影：
阿德里亚·高拉（Adrià Goula）

A16 离散的果园

A fragmented orchard

马丁·克努特
（Martin Knuijt）
卢森堡

设计公司：
Okra landscaps architecten bv

地点：
巴登-温博格（Baden-Wemberg），卡尔斯鲁厄（Karlsruhe），德国

面积：
28000m²

造价：
150€/ m²

业主：
Fonds d'urbanisation et d'aménagement du Plateau de Kirchberg

摄影：
Madelan Klooster

A17　哈恩大学利纳雷斯校区一期

Development project of the first phase of scientific-technological campus of Linares. University of Jaen

安东尼奥·卡尤埃拉斯
（Antonio Cayuelas）
乌瓦尔多·加西亚
（Ubaldo García）
西班牙

设计公司：
Cayuelas arquitectos，GCPM-Paisajes Resilientes

地点：
哈恩（Jaen），利纳雷斯（Linares），西班牙

设计时间：
2008年

建设时间：
2011年

面积：
31214m²

造价：
78€/ m²

业主：
Ute Linares（Sando S.A.- Conaco S.A.）

A18 · 市议会周边公共空间和埃斯普卢格斯道路景观改造

Rearrangement of the public spaces around the towncouncil and Esplugues road

贝特·加利
（Beth Galí）
豪梅·贝纳文特
（Jaume Benavent）
安德烈斯·罗德里格斯
（Andrés Rodríguez）
鲁迪格·沃恩
（Ruediger Wurth）
西班牙

设计公司：
BB+GG arquitectes，MMAMB
地点：
巴塞罗那，西班牙
设计时间：
2009年
建设时间：
2010年
面积：
18707m²
造价：
313.07€/ m²
业主：
Comsa，MMAMB
摄影：
阿德里亚·高拉（Adrià Goula）

A19 圣乔治体育馆外环境

Public spaces around Palau Sant Jordi

奥斯卡·布拉斯科
（Oscar Blasco）
塞尔希·卡鲁利亚
（Sergi Carulla）
西班牙

设计公司：
SCOB Arquitectes

地点：
巴塞罗那，西班牙

设计时间：
2009年

建设时间：
2010年

面积：
800m²

造价：
200€/ m²

业主：
BIMSA

摄影：
阿德里亚·高拉（Adrià Goula）

A20 圣拉蒙广场改造
Rearrangement of Sant Ramon square

布兰卡·诺格拉
（Blanca Noguera）
西班牙

设计公司：
MMAMB

地点：
萨丹约拉（Cerdanyola del Vallès），巴塞罗那，西班牙

设计时间：
2010年

建设时间：
2011年

面积：
5200m²

造价：
262.40€/ m²

业主：
GrupMas

Can Dubler 广场改造——引入新的游戏及体育用途

Urbanisation of Can Dubler square, introducing new ludic and sportive uses

克劳迪·阿吉洛
（Claudi Aguiló）
西班牙

设计公司：
MMAMB
地点：
穆尔西亚街道（Carrer Murcia），圣伯伊
（Sant Boi），巴塞罗那，西班牙
设计时间：
2010年
建设时间：
2011年
面积：
17479m²
造价：
54.78€/ m²
业主：
Eurocatalana Obres i Serveis SL.

Can Lluch 公园

Can Luch Park

桑德拉·莫利内尔
（Sandra Moliner）
伊西德雷·圣克雷乌
（Isidre Santacreu）
西班牙

设计公司：
MMAMB
地点：
Av.de Can Luch/ Av.de l'Onze de
Setembre，巴塞罗那，西班牙
设计时间：
2009年
建设时间：
2011年
面积：
10450m²
造价：
58.52€/ m²
业主：
Floret SL
摄影：
霍尔迪·苏罗卡（Jordi Surroca）

Pau Casals和Josep Tarradellas广场改造

Rearrangement for Pau Casals and Josep Tarradellas squares

罗赫尔·马里内斯
（Roger Marinez）
西班牙

设计公司：
MMAMB

地点：
Placa Pau Casals i Placa Josep Tarradellas
Cornel，巴塞罗那，西班牙

设计时间：
2009年

建设时间：
2009年

面积：
11477m²

造价：
191.69€/ m²

业主：
SACYR

弗隆泰拉侯爵宫柑橘园

Fronteira Palace Orange Grove

克里斯蒂纳·卡特拉–布兰科（Cristina Castel–Branco）
葡萄牙

设计公司：
ACB Arquitectura Paisagista L.D.A.
地点：
里斯本，葡萄牙
设计时间：
2007年
建设时间：
2010年
面积：
5000m²
造价：
40€/ m²
业主：
Fundação das Casas de Fronteira e Alorna

A25 眼泪庄园酒店科利纳德卡莫埃斯圆形剧场

Quinta das Lágrimas Amphitheater Colina de Camoes

克里斯蒂纳·卡特拉–布兰科
（Cristina Castel–Branco）
葡萄牙

设计公司：
ACB Arquitectura Paisagista
地点：
科英布拉（Coimbra），葡萄牙
设计时间：
2007年
建设时间：
2008年
面积：
6500m²
造价：
25€/ m²
业主：
Fundação Inês de Castro

罗维拉山南端改造

Rearrangement of the South mouth of Turó de la Rovira

何塞·安东尼奥
（Jose Antonio）
马丁内斯·拉佩纳
（Martinez Lapeña）
埃利亚斯·托雷斯
（Elias Torres）
劳拉·希门尼斯
（Laura Jimenez）
西班牙

设计公司：
Martinez Lapeña
Torres Arquitectos S.L.P.
地点：
巴塞罗那，西班牙
设计时间：
2007年
建设时间：
2011年
面积：
8360m²
造价：
166.55€/ m²
业主：
CRC-RUBATEC
摄影：
马蒂·略伦斯（Martí Llorens）

哈维尔·里韦拉
（Javier Rivera）
拉斐尔·里韦拉
（Rafael Rivera）
马特奥·西涅斯
（Mateo Signes）
西班牙

设计公司：
rsr_arquitectes
地点：
巴伦西亚（Valencia），戈德拉（Godella），
西班牙
设计时间：
2010年
建设时间：
2011年
面积：
2218.57m^2
造价：
144.85€/ m^2
业主：
Elit sl

A28 卡恩吉内斯塔尔周边绿地改造

Rearrangement of the green area around Can Ginestar

蒙特塞拉特·佩列尔
（Montserrat Periel）
路易莎·索尔索纳
（Luisa Solsona）
西班牙

设计公司：
MMAMB
地点：
橡树大道，柳树街，橡树街 Av. De la Roureda，Carrer de Salze，Carrer de Rour，巴塞罗那，西班牙
设计时间：
2009年
建设时间：
2009年
面积：
14247m^2
造价：
126.52€/ m^2
业主：
Corsan-Corviam Construccio SA

A29 阿古利亚公园区域管理及标准规划

Management and criteria plan for the Agulla park area

奥斯卡·M. 卡拉塞多
（Oscar M. Carracedo）
阿道夫·索托卡
（Adolf Sotoca）
西班牙

地点：
圣曼雷萨 Fruitòs Bages，西班牙
设计时间：
2011年

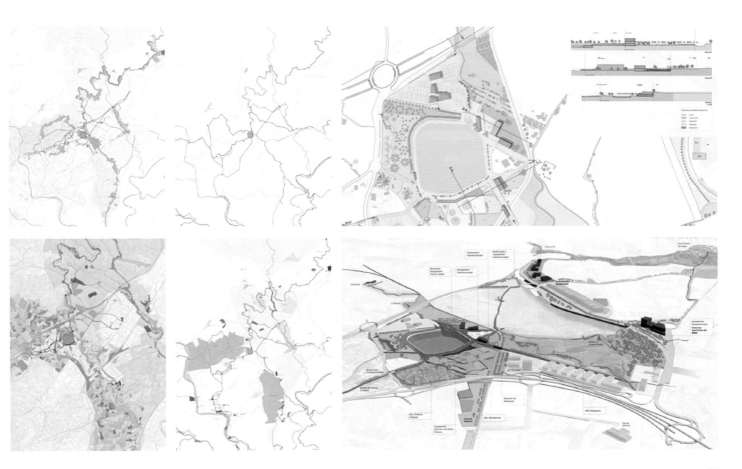

A30 卡岑巴赫合作住宅

Cooperative Hosing, Katzenbach

罗宾·温诺格兰德
（Robin Winogrond）
瑞士

设计公司：
Robin Winogrond Landschaftsarchitekten
地点：
苏黎世，瑞士
设计时间：
2004年
建设时间：
2010年
面积：
19000m²
造价：
158 €/ m²
业主：
Luescher Garden Building Co.

哈维尔·里韦拉
（Javier Rivera）
拉斐尔·里韦拉
（Rafael Rivera）
马特奥·西涅斯
（Mateo Signes）
西班牙

设计公司：
rsr_arquitectes
地点：
加塔-德戈尔戈斯（Gata de Gorgos），阿利坎特（Alacant），西班牙
设计时间：
2009年
建设时间：
2011年
面积：
1474.50m²
造价：
305.20€/ m²
业主：
加塔-德戈尔戈斯市议会

加尔加利阿尼公园改造

Rearrangement of public park at Gargalianoi

马诺利斯·佛西斯
（Manolis Votsis）
季米特拉·布加
（Dimitra Bouga）
菲利波斯兹·格隆塔基斯
（Filippos Gerontakis）
安东尼斯·克拉萨斯
（Antonis Krasas）
希腊

设计公司：
KOM37-Architects

地点：
麦锡尼，伯罗奔尼撒半岛，加尔加利阿尼（Gargalianoi），希腊

设计时间：
2005年

建设时间：
2009年

面积：
3315m²

造价：
95€/ m²

业主：
加尔加利阿尼市

米丽娅姆·加西亚
（Miriam Garcia）
爱德华多·德尔加多
（Eduardo Delgado）
西班牙

设计公司：
Landlab，laboratorio de paisajes & Reset Arquitectura
地点：
科米利亚斯（Comillas），坎塔布里亚（Cantabria），西班牙
设计时间：
2010年
建设时间：
2011年
面积：
383994m²
造价：
22.54€/ m²
业主：
Sociedad de Activos Inmobiliarios Campus Comillas，SAICC
摄影：
利斯·比利亚尔瓦（Lys Villalva）/玛丽亚·卡蒙娜（María Carmona）/胡安·伊格纳西奥（Juan Ignacio）/哈维尔·古铁雷斯（Javier Gutiérrez）

A34　克罗姆特大楼

Kromhout Barracks

巴尔特·布兰茨
（Bart Brands）
西尔维娅·卡雷斯
（Sylvia Karres）
荷兰

设计公司：
Karres en Brands
landschapsarchitecten bv
地点：
乌特勒支（Utrecht），荷兰
设计时间：
2012年
建设时间：
2012年
面积：
190000m²
造价：
89.5 €/ m²
业主：
Consortium Komfort (Ballast Nedam, ISS,
Strukton)
摄影：
阿拉德·特鲁埃尔（Allard Terwel）

流动的花园——2011年西安世界园艺博览会

Flowing Gardens International Horticultural Fair
Xi`an 2011

何塞·阿尔弗雷多·拉米
雷斯
（José Alfredo Ramirez）
伊娃·卡斯特罗
（Eva Castro）
英国

设计公司：
Groundlab/Plasmastudio
地点：
西安，陕西省，中国
设计时间：
2009年
建设时间：
2011年
面积：
370000m²
造价：
362€/ m²
业主：
浐灞生态区管委会

A36 超线性公园

Superkilen

马丁·赖因-卡诺
（Martin Rein-Cano）
洛伦茨·德雷克斯勒
（Lorenz Dexler）
德国

设计公司：
Topotek 1
地点：
哥本哈根，丹麦
设计时间：
2011年
建设时间：
2012年
面积：
120000m^2
造价：
53.75€/ m^2
业主：
Steff-byg a/s
摄影：
伊万·班（Iwan Baan）/汉斯·约斯滕
（Hanns Josten）

Cuchillitos de Tristan 公园

Cuchillitos de Tristan park

费尔南多·马丁
（Fernando Martin）
西班牙

设计公司：
Menis Arquitectos slp.
地点：
特纳里夫圣克鲁斯
（Santa Cruz de Tenerife），西班牙
设计时间：
2006年
建设时间：
2007年
面积：
32500m²
造价：
80€/ m²
业主：
特纳里夫市议会

A38 卡利格街和医疗保健中心广场改造

Urban project of Càlig Street and Medical Health
Care Centre Square

伊格纳西奥·比达尔
（Ignacio Vidal）
梅尔塞·波尔
（Mercè Pol）
西班牙

设计公司：
Estudi d'arquitectura VP

地点：
阿尔坎纳尔（Alcanar），
塔拉戈纳（Tarragona），西班牙

设计时间：
2011年

建设时间：
2012年

面积：
1350m²

造价：
151.17€/ m²

业主：
Construccions Trinitari Bel S.L.

A39 卡斯泰尔吉内斯广场

Castelginest Square

菲利波·布里科洛
（Filippo Bricolo）
意大利

设计公司：
Bricolo Falsarella Associati

地点：
蓬泰迪皮亚韦（Ponte di Piave），特雷维
索（Treviso），意大利

设计时间：
2003年

建设时间：
2007年

造价：
250000€

业主：
蓬泰迪皮亚韦市议会

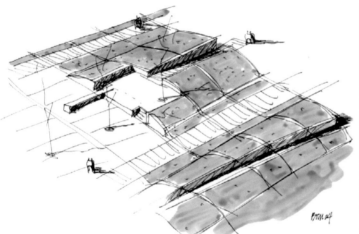

派尔努海滩公园

Parnu beach park

乌列·格里沙科夫
（Ülle Grishakov）
特里林·耶尔
（Triin Järve）
爱沙尼亚

设计公司：
OÜ Kivisilla
地点：
派尔努（Parnu），爱沙尼亚
设计时间：
2008~2009年
建设时间：
2010年
面积：
97000m^2
造价：
25.77€/ m^2
业主：
Pärnu Linnvalitsos

A41 · 慕尼黑Theresienhöhe铁路公园

Railway Cover Theresienhöhe Munich

马丁·赖因–卡诺
（Martin Rein–Cano）
洛伦茨·德雷克斯勒
（Lorenz Dexler）
德国

设计公司：
Topotek 1
地点：
巴伐利亚，慕尼黑，德国
设计时间：
2009年
建设时间：
2010年
面积：
16800m²
造价：
158.95€/ m²
业主：
Seizmeier / Heller

A42 希尔施花园碗状滑板场

Skatebowl at Hirschgarten Park

克劳斯–D.诺伊曼
（Klaus–D.Neumann）
德国

设计公司：
Realgrün Landschaftsarchitekten
地点：
慕尼黑，巴伐利亚，德国
设计时间：
2009年
建设时间：
2010年
面积：
1000m²
造价：
865€/ m²
业主：
Fa. Nagelschneider

A43 城堡公园和鲁比奥圆形剧场

Castel park and amphitheater of Rubì

何塞普·萨苏尔卡
（Josep Zazurca）
西班牙

设计公司：
Zazurca Arquitectura S.L.P.

地点：
鲁比奥（Rubi），巴塞罗那，西班牙

设计时间：
2008年

建设时间：
2010年

面积：
14116m²

造价：
75 €/ m²

业主：
Obres i Serveis Roig S.A.

摄影：
亚历杭德拉·比拉马拉·雷格（Alejandra
Vilamala Reig）/比托·塞尔斯·德莫利
纳（ Bito Cells de Molina ）

A44 桑兹火车站改造

Project for the covering and urbanisation of the rail corridor in Sants

塞尔希·戈迪亚·弗兰
（Sergi Godia Fran）
何塞普·A. 埃斯比洛
（Josep A.Acebillo）
西班牙

设计公司：
Barcelona Regional
地点：
巴塞罗那，西班牙
设计时间：
2004年
建设时间：
2012年
面积：
71550m²
造价：
1237€/ m²
业主：
BIMSA
摄影：
阿德里亚·高拉（Adrià Goula）

A45 · 普遍的混乱
Universal chaos

安娜·P.奇波洛尼
（Anna P.Cipolloni）
安娜·加西亚
（Ana Garcia）
西班牙

设计公司：
ANNAPARCH-ar quitectura y paisaje
地点：
蓬蒂迪利马（Ponte de Lima），葡萄牙
设计时间：
2009年
建设时间：
2010年
面积：
240m^2
造价：
41.66€
业主：
第六届蓬蒂迪利马国际花园节
摄影：
马尔科·克里斯托福里（Marco Cristofori）/
迭戈·巴雷拉（Diego Varela）

A46 赫兹利亚公园

Park Herzliya

芭芭拉·阿伦森
（Barbara Aronson）
以色列

设计公司：
Shlomo Aronson Architects Ltd
地点：
赫兹利亚（Herzliya），以色列
设计时间：
2008年
建设时间：
2010年
面积：
708199m²
造价：
166.55€/ m²
业主：
Malrag/ Afar Ha-Merkaz

A47 Aiete酒店文化中心和人权研究所

Cultural Center and Human Rights Institute in Aiete Palace

卡洛斯·阿瓦迪亚斯
（Carlos Abadías）
艾策佩亚·拉兹卡诺
（Aitzpea Lazkano）
西班牙

设计公司：
Isuuruarquitectos
地点：
吉普斯夸，圣塞瓦斯蒂安，西班牙
设计时间：
2008年
建设时间：
2010年
面积：
4500m²
造价：
108.88€/ m²
业主：
Amenabar
摄影：
赫苏斯·马丁·鲁伊斯（Jesús Martín Ruiz）

曼努埃尔 · 博罗维奥
（Manuel Borobio）
西班牙

设计公司：
加利西亚地方政府

地点：
加利西亚自治区，西班牙

设计时间：
2007年

建设时间：
2011年

面积：
2154km²

造价：
2214000€

业主：
加利西亚地方政府

A49 雷根斯多夫市政厅外部空间设计

External spaces of Regensdorf Town Hall

罗宾·温诺格兰德
（Robin Winogrond）
瑞士

设计公司：
Robin Winogrond Landschaftsarchitekten

地点：
雷根斯多夫（Regensdorf），苏黎世州，瑞士

设计时间：
2007年

建设时间：
2011年

面积：
3600m²

造价：
110€/m²

业主：
特拉花园大厦（Terra Garden Building）

A50 里克公园

Rike Park

阿尔贝托·多明戈
（Alberto Domingo）
卡洛斯·拉萨罗
（Carlos Lázaro）
朱利安娜·彼得里
（Juliane Petri）
格鲁吉亚

设计公司：
CMD Domingo y Lazaro ingenieros S.L.
地点：
第比利斯（Tbilisi），格鲁吉亚
设计时间：
2010年
建设时间：
2011年
面积：
50000m²
造价：
48€/m²
业主：
旧城重建和发展基金会
摄影：
乔治·塔塔拉什维利
（Giorgi Tatarashvili）

布拉赫·丘丁
（Bracha Chyutin）
米夏埃尔·丘丁
（Michael Chyutin）
以色列

设计公司：
Chyutin Architects ltd.
地点：
贝尔谢巴（Beer Sheva），以色列
设计时间：
2008年
建设时间：
2009年
面积：
4500m²
造价：
252.20€/ m²
业主：
本·古里安（Ben-Gurion）大学

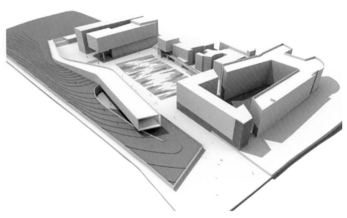

柏林旧国家美术馆的柱廊庭院

Kolonnadenhof in the Alte National gallery in Berlin

尼古拉·莱温
（Nicolai Levin）
德国

设计公司：
Levin Monsigny
Landschaftsarchitekten Gmbk

地点：
柏林，德国

设计时间：
2001年

建设时间：
2010年

A53 佩拉拉达城堡公园景观干预

Landscape Interventions in the Peralada castel park

弗兰塞斯克·纳韦斯
(Francesc Navés)
哈维尔·埃雷拉
(Xavier Herrera)
豪梅·博斯卡
(Jaume Bosc)
西班牙

设计公司：
Estudi de Paisatge
地点：
佩拉拉达（Peralada），赫罗纳（Girona），
西班牙
设计时间：
2011~2012年
建设时间：
2012年
面积：
10000m²
造价：
200€/ m²
业主：
私人

阿尔内·萨伦
（Arne Sælen）
挪威

设计公司：
Landskap Design AS
地点：
卑尔根（Bergen），挪威
设计时间：
2006~2009年
建设时间：
2007~2011年
面积：
4200m²
造价：
952.38€/ m²
业主：
Grieghallen AS
摄影：
汉纳·C·奥尔森（Hanne C.Olsen）/本
特·勒内·森瓦（Bent René Synnevåg）

阿尔内·萨伦
（Arne Sælen）
挪威

设计公司：
Landskap Design AS
地点：
卑尔根（Bergen），挪威
设计时间：
2007~2009年
建设时间：
2008~2011年
面积：
3200m²
造价：
468.65€/ m²
业主：
Entra AS
摄影：
本特·勒内·森瓦
（Bent René Synnevåg）/
克里斯汀·纳德尔（Christine Nundal）

A56　巴统海岸大道

Coast boulevard of Batumi

阿尔韦托·多明戈
（Alverto Domingo）
卡洛斯·拉萨罗
（Carlos Lázaro）
朱利安娜·彼得里
（Juliane Petri）
西班牙

设计公司：
CMD Domingo y Lázaro ingenieros S.L.
地点：
阿扎尔（Ajara），巴统港（Batumi），格
鲁吉亚
设计时间：
2009年
建设时间：
2009~2010年
面积：
180000m²
造价：
40€/ m²
业主：
阿扎尔自治政府，巴统市议会
摄影：
乔治·塔塔拉什维利（Giorgi Tatarasvili）

何塞普·M·比拉诺瓦
（Josep M. Vilanova）
里卡德·皮耶
（Ricard Pié）
布里菲加西恩·迪亚斯
（Purificación Díaz）
安娜·马霍拉尔
（Anna Majoral）
西班牙

设计公司：
equip BCpN
地点：
莱里达市（Lleida），西班牙
设计时间：
2011年
面积：
600000m²
造价：
57.5€/ m²
业主：
莱里达市政府
摄影：
何塞普·马里亚·比拉诺瓦·利亚韦艾特
（Josep Maria Vilanova Llavet）

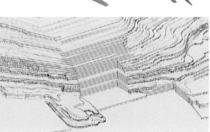

皮列戈穆尔西亚拉斯卡萨斯公共空间改造

Rearrangement of the Public space of Las Casas in Piliego-Murcia

拉斐尔·兰德特
（Rafael Landete）
安格尔·B.冈萨雷斯
（Angel B.González）
马里亚·伊莎贝尔·佩雷斯
（María Isabel Pérez）
埃米利奥·科尔特斯
（Emilio Cortés）
西班牙

设计公司：
Abis Arquitectura
地点：
穆尔西亚（Murcia），皮列戈（Piliego），
西班牙
设计时间：
2007年
建设时间：
2010年
面积：
21700m²
造价：
57€/ m²
业主：
Etosa-Electrisur C.Pliego U.T.E.
摄影：
戴维·弗鲁托斯（David Frutos）

A59 加泰罗尼亚议会大道东段

Gran Via de les Corts Catalanes Llevant's sector

卡门·菲奥尔
（Carmen Fiol）
安德鲁·阿里奥拉
（Andreu Arriola）
西班牙

设计公司：
Arriola & Fiol arquitectes
地点：
巴塞罗那，西班牙
设计时间：
2002年
建设时间：
2012年
面积：
250000m²
造价：
288.63€/ m²
业主：
Ute-Gran Via Bcn / Fcc / Acsa / Corvian / Copcisa / Comsa / Necso

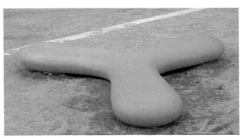

教堂新广场改造

Urbanisation of the new square of Església and underground car park

霍尔迪·科马斯
（Jordi Comas）
安娜·庞特
（Anna Pont）
西班牙

设计公司：
Comas-Pont Arquitectes
地点：
巴塞罗那，西班牙
设计时间：
2009年
建设时间：
2012年
面积：
785m²
造价：
834.37€/ m²
业主：
Pending Bag SL

A61　阿尔塔·阿莱利亚接待和品尝中心

Reception and tasting centre Alta Alella

阿尔方斯·索尔德维拉·巴尔沃萨
（Alfons Soldevila Barbosa），
阿尔方斯·索尔德维拉·列拉
（Alfons Soldevila Riera），
戴维·索尔德维拉·列拉
（David Soldevila Riera）
西班牙

设计公司：
Soldevila Soldevila Soldevila Architects
地点：
巴塞罗那，蒂亚纳-阿莱利亚，西班牙
设计时间：
2010年
建设时间：
2011年
面积：
120m²
造价：
1250€
业主：
格兰·兰德（Gran Land）

A62 Amalvigia广场——连接Bellvitge和Hospitalet中心的步行空间

Amalvigia square connecting Bellvitge and the centre of Hospitalet for pedestrians

塞尔希·洛佩斯·格拉多
（Sergi Lopez–Grado）
西班牙

设计公司：
奥斯皮塔莱特-德略布雷加特
L'Hospitalet de Llobregat
市议会公共空间服务和城市可持续部门
地点：
巴塞罗那，西班牙
设计时间：
2011年
建设时间：
2012年
面积：
3000m²
造价：
183€/ m²
业主：
MMAMB / Mancomunitat de Municipis de l'Area Metropolitana de Barcelona

A63 欧登塞国王花园

Kings Garden Odense

埃里克·勃兰特·达姆
（Erik Brandt Dam）
丹麦

设计公司：
EBD architects
地点：
欧登塞（Odense），丹麦
设计时间：
2006~2008年
建设时间：
2009~2010年
面积：
3hm²
造价：
1730000€
业主：
欧登塞市
摄影：
海伦妮·赫耶尔·米克尔森（Helene
Høyer Mikkelsen）/ 劳拉·斯塔默（Laura
Stamer）

A64　Peneder 公司总部基地

Peneder Basis

奥利弗·加乔韦茨
（Oliver Gachowetz）
奥地利

设计公司：
3:0 Landschaftsarchitektur
地点：
里茨林（Ritzling），奥地利
设计时间：
2009年
建设时间：
2010年
面积：
6000m²

A65 Cerdanyola 定向中心的城市公园系统

Urban parks system of the Directional Centre in Cerdanyola

伊莎贝尔·本纳萨尔
（Isabel Bennasar）
西班牙

设计公司：
Isabel Bennasar
Estudi d'arquitectura i Paisatge
地点：
Cerdanyola，巴塞罗那，西班牙
设计时间：
2009年
建设时间：
进行中
面积：
516000m²
业主：
Urban Partership of the directional Center
in Cerdanyola del Vallès

安德烈亚斯·马特
（Andreas Marth）
弗里德里希·帕斯勒
（Friedrich Passler）
赫维希·西格尔
（Herwig Spiegl）
克里斯蒂安娜·瓦尔德纳
（Christian Waldner）
奥地利

设计公司：
AllesWirdGut Architektur ZT GmbH
地点：
埃斯苏阿兹特（Esch-sur-Alzette），卢森堡
设计时间：
2004年
建设时间：
2007年，2008年，2010年，2015年
面积：
10000m²
业主：
Agora/ societé de développement
摄影：
罗杰·瓦格纳（Roger Wagner）/ 阿希
姆·希尔施（Achim Bursch）

萨瓦德尔银行总部外部空间

External spaces of the headquarters of Banc de Sabadell

奥尔加·塔拉索
（Olga Tarrasó）
胡利娅·埃斯皮纳斯
（Julià Espinàs）
西班牙

设计公司：
Espinàs i Tarrasó Arquitectura
Disseny i Paisatge

地点：
圣 库 加 特 德 尔 巴 列 斯 （Sant Cugat del Vallés），巴塞罗那，西班牙

设计时间：
2009年

建设时间：
2012年

面积：
11626m^2

造价：
132.95€/ m^2

业主：
萨瓦德尔银行

摄影：
阿德里亚·高拉（Adrià Goula）

A68 IBK-因斯布鲁克公共空间设计

IBK-Public Space Design Innsbruck

安德烈亚·马特
（Andreas Marth）
弗里德里希·帕斯勒
（Friedrich Passler）
赫维希·施皮格尔
（Herwig Spiegl）
克里斯蒂安·瓦尔德纳
（Christian Waldner）
奥地利

设计公司：
AllesWirdGut Architektur ZT GmbH
地点：
因斯布鲁克（Innsbruck），奥地利
设计时间：
2006年
建设时间：
2009~2011年
面积：
7500m²
业主：
因斯布鲁克市议会（Innsbruck）
摄影：
赫莎·赫纳尔斯（Hertha Hurnaus）

A69 | 巴塞罗那广场

Barcelona square

贝特朗·雷蒂夫
（Bertrand Retif）
戴维·罗班
（David Robin）
法国

设计公司：
Itinéraire Bis
Paysage，Urbanisme，et Architecture
地点：
罗纳阿尔卑斯（Rhone Alpes），里昂，
法国
设计时间：
2008年
建设时间：
2010年
面积：
4000m²
造价：
250€/ m²
业主：
LE GRAND LYON

A70 Font del Rector 城市公园

Urban park "Font del Rector"

马尔塔–埃丝特·霍达尔
（ Marta–Esther Jodar ）
托尼·加西亚
（ Toni Garcia ）
西班牙

设计公司：
Toni Garcia& Marta. Esther Jodar
arquitectes

地点：
巴里拉纳（ Vallirana ），巴塞罗那，西班牙

设计时间：
2010年

建设时间：
2011年

面积：
807m²

造价：
76.93€/ m²

业主：
ADEC Building S.A.

摄影：
阿德里亚·高拉（ Adrià Goula ）

A71 | Z8项目

Project Z8

洛朗·布德里莱特
（Laurent Boudrillet）
贝尔纳·吉扬
（Bernard Guillien）
托马斯·德里斯基
（Thomas Dryjski）
雅克·塞巴格
（Jacques Sebbag）
安妮·佩佐尼
（Anne Pezzoni）
法国

设计公司：
Archi5 Agency
地点：
马林加（Maringa），巴拉那州（Parana），巴西
设计时间：
2011年
面积：
3088753m²
业主：
Argus Empreendimentos Imobiliarios

胡安·帕洛普–卡萨多
（Juan Palop–Casado），
费尔南多·波蒂略·德
阿门特拉斯（Fernando
Portillo de Armenteras）
西班牙

设计公司：
Lab for Planning and Architecture[LPA]
地点：
拉斯帕尔马斯
（Las Palmas de Gran Canaria），西班牙
设计时间：
2010年
建设时间：
2011年
面积：
1000m²
造价：
463.32€/ m²
业主：
大加那利岛拉斯帕尔马斯市议会
摄影：
米卡埃拉·勒夫格伦（Micael Löfgren）

贝妮代塔·塔利亚韦
（Benedetta Tagliabue）
西班牙

设计公司：
EMBT

地点：
莱里达市（Lleida），西班牙

设计时间：
2007年

建设时间：
2010年

业主：
Dragados S.A.

A74 · 赫罗纳采石场游览小径

Turistic itinerary of Girona Stone

马蒂·弗兰奇
（Martí Franch）
西班牙

设计公司：
EMF，arquitectura del paisatge
地点：
赫罗纳（Girona），西班牙
设计时间：
2010年
建设时间：
2011年
面积：
70000m²
造价：
0.84€/ m²
业主：
Servosa，Jardineria Sant Narcis

梅尔恩·柯克
（Mehron Kirk）
英格兰

设计公司：
BDP
地点：
刘易舍姆（Lewisham），伦敦，英格兰
设计时间：
2005~2008年
建设时间：
2007~2011年
面积：
13000+210000m²
造价：
162.63+10.23 €/ m²
业主：
伦敦路易森行政区
摄影：
戴维·巴伯（David Barbour）/桑纳·菲
舍尔-佩恩（Sanna Fisher-Payne）

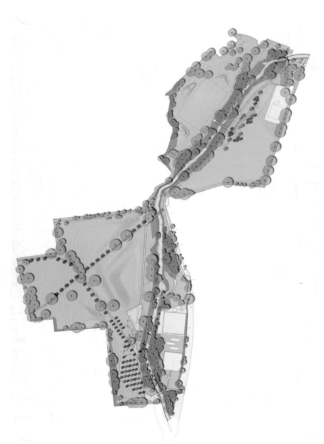

洛朗·布德里莱特
（Laurent Boudrillet）
贝尔纳·吉扬（Bernard
Guillien）
托马斯·德里斯基
（Thomas Dryjski）
雅克·塞巴格（Jacques Sebbag）
安妮·佩佐尼
（Anne Pezzoni）
法国

设计公司：
Archi5 Agency
地点：
孙查莱斯（Sunchales），阿根廷
设计时间：
2012年
建设时间：
2030年
面积：
10hm²
业主：
孙查莱斯市议会

Pla de Baix de Domeny 的城市化项目

Urbanisation project for Pla de Baix de Domeny

克拉拉·希门尼斯
Clara Jiménez
西班牙

设计公司：
赫罗纳市议会

地点：
赫罗纳，西班牙

设计时间：
2009年

建设时间：
2012年

面积：
142900m²

造价：
92.40€/ m²

业主：
赫罗纳市议会

摄影：
霍尔迪·S·卡雷拉（Jordi S. Carrera）

豪尔赫·卡夫雷拉
（Jorge Cabrera）
马尔塔·冈萨雷斯
（Marta Gonzalez）
马丁·冈萨雷斯
（Martin Gonzalez）
西班牙

设计公司：
G&C estudio

地点：
Armintza-Lemoiz，巴斯克自治区
（Pair Vasco），西班牙

设计时间：
2005年

建设时间：
2011年

面积：
3952m^2

造价：
242€/ m^2

业主：
Contrucciones AZACETA

A79　奥斯皮塔莱特−德略布雷加特市公墓外部空间设计

External spaces of Tanatorio Municipal in Hospitalet de Llobregat

吉利亚·马嫩蒂
（ Giulia Manenti ）
瓦伦丁娜·格雷塞林
（ Valentina Greselin ）
斯特凡尼娅·萨巴蒂尼
（ Stefania Sabatini ）
西班牙

设计公司：
f3paisajearquitectura
地点：
奥斯皮塔莱特-德略布雷加特
（ L'Hospitalet de Llobregat ），西班牙
设计时间：
2007年
建设时间：
2011年
面积：
4079m²
造价：
74€/ m²
业主：
Serveis Funeraris Integrals

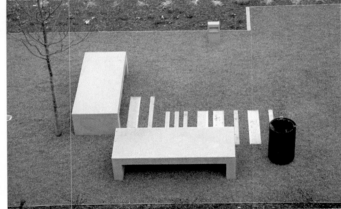

197

海梅·J·费雷尔
（Jaime J. Ferrer）
西班牙

设计公司：
jaime j. Ferrer forés architect
地点：
马略卡岛帕尔马（Palma de Mallorca），
西班牙
设计时间：
2006年
建设时间：
2011年
面积：
5257m²
造价：
290€/ m²
业主：
Melchor Mascarò
摄影：
何塞·埃维亚（José Hevia）

A81 哈帕公共空间

Harpa public space

普兰因·豪克松
（Práinn Hauksson）
冰岛

设计公司：
Landslag ehf. Landslagsarkitektar FÍLA
地点：
雷克雅未克（Reykjavik），冰岛
设计时间：
2010~2011年
建设时间：
2011年
面积：
15000m²
造价：
120€/ m²
业主：
Austern Hof/东海港项目
摄影：
马茨·维伯·伦德（Mats Vibe Lund）/
普兰因·豪克松（Práinn Hauksson）/奥
斯吉尔·奥斯吉尔松（Asgeir Asgeirsson）

赫苏斯·托里斯·加西亚
(Jesùs Torres Garcia)
法国

设计公司：
JesùsTorresGarcìa Architectes
地点：
格拉纳达（Granada），西班牙
设计时间：
2010年
建设时间：
2011年
面积：
1600m^2
造价：
56€/ m^2
业主：
Construcciones Salambina

曼努埃尔·埃尔塞
（Manuel Herce）
米格尔·Y·马约尔加
（Miguel Y.Mayorga）
西班牙

设计公司：
Mayorga+Fontana，
ITT-ETSECCPB-UPC，EGI S.L.
地点：
赫利达（Gelida），西班牙
设计时间：
2007年
建设时间：
2011年
面积：
10000m²
造价：
50€/ m²
业主：
Cespa

A84 雪崩森林的观景台

Viewpoint in the Forest of the Avalanche

马内尔·帕利亚雷斯
（Manel Pallarés）
杰玛·阿斯纳尔
（Gemma Aznar）
西班牙

设计公司：
KF Arquitectes
地点：
恩坎普（Enamp），安道尔（Andorra）
设计时间：
2010年
建设时间：
2011年
面积：
4500m^2
造价：
78€/ m^2
业主：
恩坎普市议会

A85 加泰罗尼亚广场

Països Catalans Square

马蒂·弗兰奇
（Martì Franch）
西班牙

设计公司：
EMF，arquitectura del paisatge
地点：
赫罗纳，西班牙
设计时间：
2008年
建设时间：
2010年
面积：
2971m²
造价：
134 €/ m²
业主：
Aglomerats Girona，Jardineria Sant Narcìs

Can Ribes区城市化

Urbanisation of the Can Ribes district

托尼·托斯卡诺
（Toni Toscano）
陶尼特·庞斯
（Tànit Pons）
西班牙

设计公司：
Pla de Ponent Executive Office（GTI）
地点：
加瓦（Gavà），巴塞罗那，西班牙
设计时间：
2008年
建设时间：
2012年
面积：
74906m^2
造价：
120€/ m^2
业主：
Pla de Ponent Executive Office（GTI）

A87 · Catene公园

Catene's park

保罗·切孔
（Paolo Ceccon）
劳拉·赞皮耶里
（Laura Zampieri）
意大利

设计公司：
CZstudio associati
Paolo Ceccon Laura Zampieri Architetti
地点：
马格拉（Marghera），威尼斯，意大利
设计时间：
2006年
建设时间：
2010年
面积：
80000m²
造价：
25€/ m²
业主：
Ecis s.r.l., Marghera VE（施工）/ cooperativa
Aladino，Mirano VE（植物和灌溉）

米凯拉·帕斯夸利
（Michela Pasquali）
意大利

设计公司：
Linaria 非营利组织

地点：
米兰，意大利

设计时间：
2011年

面积：
8000m²

造价：
2.5 €/ m²

业主：
Ambrosiano Solidarity Center

豪尔赫·卡夫雷拉
（Jorge Cabrera）
马尔塔·冈萨雷斯
（Marta Gonzalez）
马丁·冈萨雷斯
（Martin Gonzalez）
西班牙

设计公司：
G&C estudio
地点：
阿莫利比亚特-意特克萨诺（Amorebieta-
Etxano），比斯开省，西班牙
设计时间：
2006年
建设时间：
2011年
面积：
2.620m²
造价：
237€/ m²
业主：
Costrucciones Sukia,S.L.

A90 皮斯托亚新城公园

New urban park in Pistoia

彼得罗·巴西利奥·焦尔
杰尔
（Pietro Basilio Giorgieri）
意大利

设计公司：
Giorgieri Studio

地点：
皮斯托亚（Pistoia），意大利

设计时间：
2009年

克里斯托夫·瓦伦丁
（Christoph Valentien）
德国

设计公司：
瓦伦丁+瓦伦丁
城市规划与景观设计事务所
地点：
辰山，上海，中国
设计时间：
2006~2008年
建设时间：
2008~2010年
面积：
2000000m²
业主：
上海辰山植物园项目团队
摄影：
扬·西夫克（Jan Siefke）/
克劳斯·莫莱纳尔（Klaus Molenaar）

戴维·阿尼瓦罗
（David Añíbarro）
哈维尔·德迭戈
（Javier De Diego）
西班牙

地点：
圣克鲁斯-德贝萨纳
（Santa Cruz De Bezana），
坎塔布里亚（Cantabria），西班牙

设计时间：
2007年

建设时间：
2008年

面积：
4364m²

造价：
77.51 €/ m²

业主：
Planvica S.A.

安东尼·马蒂
（Antoni Martí）
何塞普·埃斯特韦
（Josep Esteve）
西班牙

设计公司：
Antoni Martí Falip Arquitecte
地点：
赛尔韦拉（Cervera），列伊达（Llelda），
西班牙
设计时间：
2010年
建设时间：
2011年
面积：
735.18m²
造价：
140€/ m²
业主：
埃斯塔拉斯（Estaràs）市议会

A94 金合欢广场改造

Rearrangement for the acacia's square

哈维尔·比达尔
（Xavier Vidal）
伊西德尔·罗加
（Isidre Roca）
克里斯蒂娜·加斯东
（Cristina Gastón）
西班牙

设计公司：
Estudi GRV Arquitectes S.L.P.
地点：
比拉诺瓦艾拉格尔图
（Vilanova i La Geltrú），西班牙
设计时间：
2009年
建设时间：
2010年
面积：
3006.70m²
造价：
141.38 €/ m²
业主：
比拉诺瓦艾拉格尔图市议会
摄影：
法比亚·库蒂诺·门多萨
（Fabian Coutiño Mendoza）

A95 城市新区——慕尼黑-里姆贸易展览中心

Urban Development
Trade Fair City of Munich-Riem

多纳塔·瓦伦丁
（Donata Valentien）
德国

设计公司：
瓦伦丁+瓦伦丁
城市规划与景观设计事务所
地点：
慕尼黑，德国
设计时间：
2003年
建设时间：
2012年
面积：
556hm²
业主：
慕尼黑城市代表MRG
MaBnahmeträger Munchen-Riem GmbH
摄影：
迈克尔·海因里希（Michael Heinrich）

恩里克·巴特列
（Enric Batlle）
霍安·罗伊格
（Joan Roig）
西班牙

设计公司：
Batlle & Roig arquitectes
地点：
比拉德坎斯（Viladecans），巴塞罗那，
西班牙
设计时间：
2005年
建设时间：
2010年
面积：
90000m²
造价：
153.57€/ m²
业主：
比拉德坎斯市议会
摄影：
霍尔迪·苏罗卡（Jordi Surroca）

A97 阿姆斯特丹辛克尔岛公园

Park Schinkel Islands

埃德温·尚塔根斯
（Edwin Santhagens）
荷兰

设计公司：
Buro Sant en Co landscapsarchitectuur
地点：
阿姆斯特丹，荷兰
设计时间：
2010年
建设时间：
2010年
面积：
170000m²
造价：
100€/ m²
业主：
Heijmans

奥洛特 Campdenmas 广场扩建和立面修复

Extension of Campdenmas square in Olot
Urbanisation and facades restoration

爱德华·卡利斯
（Eduard Callís）
吉列姆·莫利内尔
（Guillem Moliner）
霍安·卡萨德瓦利
（Joan Casadevall）
西班牙

设计公司：
unparelld'arquitectes
Gabinet del Color

地点：
奥洛特（Olot），赫罗纳，西班牙

设计时间：
2008年

建设时间：
2011年

面积：
2.625m²

造价：
114€/ m²

业主：
奥洛特市议会

摄影：
埃斯派·安德罗纳·sl
（Espai Androna sl）

A99 萨瓦德尔体育馆周边景观改造

Landscape Rearrangement around the covered course of athletic in Sabadell

罗伯特·德·帕乌
（Robert de Paauw）
伊马·汉萨纳
（Imma Jansana）
孔奇塔·德拉比利亚
（Conchita de la Villa）
西班牙

设计公司：
Jansana De la Villa De Paauw Arquitectes SLP
地点：
萨瓦德尔（Sabadell），巴塞罗那，西班牙
设计时间：
2006年
建设时间：
2009年
面积：
51125m²
造价：
92.18 €/ m²
业主：
Vias y contucciones S.A.

A100 胡安·米罗学校庭院

Joan Miro's school courtyard

阿莉西亚·奥尔蒂斯
（Alicia Ortiz）
吉莱纳·尼古劳
（Ghislaine Nicolau）
玛丽安娜·巴列霍斯
（Mariana Vallejos）
西班牙/法国

设计公司：
agence b+p
地点：
佩皮尼昂（Perpignan），法国
设计时间：
2011年
建设时间：
2011年
面积：
2500m²
造价：
90€/ m²
业主：
TP66

A101 汉堡植物园

Planten un Blomen Hamburg

勒贝尔·斯特凡
（Robel Steffan）
德国

设计公司：
A24 Landschaft
Landschaftsarchitektur GmbH

地点：
汉堡，德国

设计时间：
2011年

建设时间：
2011年

面积：
13000m²

造价：
84.6 €/ m²

业主：
Klaus Hildebrandt GmbH/
L. Michow&Sohn GmbH/ Gawron GmbH

A102 La Contea 公园

La Contea Park

马里亚·C.图利奥
（Maria C.Tullio）
西蒙娜·阿曼蒂亚
（Simone Amantia）
意大利

地点：
罗马，意大利
设计时间：
2010年
建设时间：
2011年
面积：
6000m²
造价：
20€/ m²
业主：
奥林匹克花园

A103 · 玛丽安娜·比内达广场改造

Rearrangement of Mariana Pineda square

胡安·帕斯托尔
（Juan Pastor）
西班牙

地点：
德尼亚（Dénia），阿利坎特（Alacant），
西班牙
设计时间：
2007年
建设时间：
2008年
面积：
3500m²
造价：
300€/ m²
业主：
德尼亚市议会

A104 Uditore 公园

Uditore Park

曼弗雷迪·莱昂内
（Manfredi Leone）
保拉·瓦伦扎
（Paola Valenza）
意大利

设计公司：
MDL Progetti
地点：
巴勒莫（Palermo），意大利
设计时间：
2011年
建设时间：
2012年
面积：
70000m²
造价：
1.42€/ m²
业主：
西西里岛地区
摄影：
皮耶罗·德·安杰洛（Piero d'Angelo），
马西米利亚诺·罗托洛（Massimiliano
Rotolo）

莉莎·菲奥尔
（Liza Fior）
英国

设计公司：
MUF architecture
地点：
巴金（Barking），伦敦，英国
设计时间：
2009年
建设时间：
2010年
面积：
6000m²
造价：
2549463.41€
业主：
Redrow Regeneration

A106 · 修道院广场改造

Rearrangement of the convent's square

胡安·帕斯托尔
（Juan Pastor）
西班牙

地点：
德尼亚（Dénia），阿利坎特（Alacant），
西班牙
设计时间：
2005年
建设时间：
2007年
面积：
1600m²
造价：
200€/ m²
业主：
德尼亚市议会

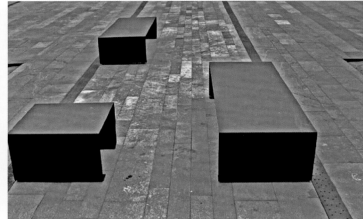

A107　Poligono Can Sant Joan 花园和行政大楼

Set of Gardens and administrative buildings in
Poligono Can Sant Joan

胡安·特里亚·德贝斯
（Juan Trias de Bes）
西班牙

设计公司：
TDB arquitectura
地点：
圣库加特德尔巴雷斯（Sant Cugat del
Vallès），巴塞罗那，西班牙
设计时间：
2006年
建设时间：
2010年
面积：
32880m²
造价：
929€/m²
业主：
Santin Jardineria I Paisatge SL.
摄影：
亚历克斯·巴格（Aleix Bagué）

马里亚·C.图利奥
（Maria C. Tullio）
米雷拉·迪焦维内
（Mirella di Giovine）
意大利

地点：
罗马，意大利
设计时间：
2011年
建设时间：
2011年
面积：
40000m²
造价：
11.59 €/ m²
业主：
Ambiente lavori

A109 ： Garcia Virumbales 广场

Garcia Virumbales square

卡洛斯・米兰达
（Carlos Miranda）
赫苏斯・阿尔瓦
（Jesús Alba）
赫苏斯・加西亚
（Jesús García）
斯马拉・贡萨尔维斯
（Smara Goncalves）
劳拉・加西亚
（Laura García）
西班牙

设计公司：
A3GM Arquitectos
地点：
阿塔普埃卡（Atapuerca），布尔戈斯
（Burgos），西班牙
设计时间：
2009年
建设时间：
2010年
面积：
1977m²
造价：
65.80€/ m²
业主：
阿塔普埃卡市议会

A110 蒙特亚莱格雷公园

Montealegre Park

何塞·克雷斯皮
（José Crespí）
M.特雷莎·戈麦斯
（M. Teresa Gómez）
弗朗西斯科·罗德里格斯
（Francisco Rodríguez）
西班牙

地点：
奥伦赛（Ourense），西班牙

设计时间：
2009年

建设时间：
2011年

面积：
128m²

造价：
11.08 €/ m²

业主：
Extraco/ construccions e proxectos S.A.

 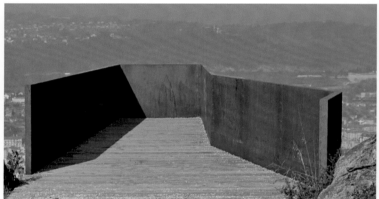

A111 · 奥利亚纳的三个广场

3 sqauares in Oliana

华金·佩雷斯
（Joaquín Pérez）
伊娃·赫罗纳
（Eva Girona）
西班牙

设计公司：
Joaquín Pérez Sánchez-Eva Girona Cabré，
Arqtes.
地点：
奥利亚纳（Oliana），列伊达（Lieida），
西班牙
设计时间：
2007年
建设时间：
2010年
面积：
1624m²
造价：
146.44 €/ m²
业主：
加泰罗尼亚政府/
INCASOL/ 奥利亚纳市议会

A112 巨人花园

Garden of the Giants

朱丽叶·巴伊–迈特尔
（Juliette Bailly–Maitre）
法国

设计公司：
Mutabilis Paysage
地点：
里尔，法国
设计时间：
2008~2009年
建设时间：
2009年
面积：
30000m²
造价：
183 €/ m²
业主：
里尔城市社区

A113 水公园和菲格拉斯新区城市化项目

Aigües park and urbanitzation of a new district in Figueres

米谢勒·奥利亚克
（Michèle Orliac）
米克尔·巴特列
（Miquel Batlle）
西班牙

设计公司：
Michel&Miquel
地点：
菲格拉斯（Figneres），赫罗纳，西班牙
设计时间：
2006年
建设时间：
2009年
面积：
145906m²
造价：
70.72 €/ m²
业主：
Institut Català del Sòl

萨加马历史中心区改造

Urban rearrangement of the historic central area of Sagama

毛里齐奥·阿梅里奥
（Maurizio Amerio）
克劳迪娅·巴塔伊奥
（Claudia Battaino）
卢卡·泽金
（Luca Zecchin）
意大利

设计公司：
Studio ABZ architetti
地点：
萨加马（Sagama），奥利斯塔诺（Oristano），
意大利
设计时间：
2007~2009年
建设时间：
2009~2011年
面积：
1630m²
造价：
300 €/ m²
业主：
萨加马市议会

交叉

2个入围/ 48个项目

Etar de Alcântara废水处理厂
Etar de Alcântara Effluent water treatment station

Etar de Alcántara Effluent water treatment station

若昂·费雷拉·努内斯
（João Ferreira Nunes）
葡萄牙

设计公司：
PROAP-Estudos e Projectos de Arquitectura Paisagista，L.D.A.

地点：
里斯本，葡萄牙

设计时间：
2005年

建设时间：
2009~2011年

面积：
21000m²

造价：
48 €/ m²

业主：
Somague

摄影：
Inaki Zoilo

finalist / finalista

该项目具有清晰的层级景观结构。

它试图引导我们逐步忘却当代的基础设施符号，并且重新唤起对新鲜农产品生产的记忆。

在里斯本的丘陵景观中有一个山谷，一条小溪流淌在肥沃的田野间，形成了灌溉景观，与传统的蔬菜生产以及块状的绿色田野肌理密切相关。

在20世纪60年代，通往跨越特茹河（Tejo）新桥的道路系统的开通，导致了河流跨越断流；除了部分的"农田"变成了城市的苗圃，所有农业景象都消失了，建设了道路、铁路和污水基础设施。

80年代，污水基础设施改建为污水处理厂。

最近，污水处理追求排水质量的改善。

于是在山谷中，建立了一个替代以前污水处理厂的巨大结构，一个占地2hm²的建筑在山谷中抬起并延伸，其相似的屋顶结构——一块混凝土板，既呼应了室内空间需求，也呈现出一种新的地表结构。

该项目采用这种地形是为了重现过去山谷中的农业景象，通过梯田系统，精确地揭示场地地形梯度变化，就像梯田揭示了这个场地的自然地形一样。

这个项目赋予建筑和它的功能一种"逆向考古"，一种景观过程中遗忘的状态：一个遗忘的场地复兴。

罗森海姆芒法尔公园

Mangfallpark Rosenheim

罗贝尔·斯特凡
（Robel Steffan）
约阿希姆·斯威勒斯
（Joachim Swillus）
德国

设计公司：
A24 Landschaft
地点：
罗森海姆（Rosenheim），德国
设计时间：
2005年
建设时间：
2010年
面积：
115000m²
造价：
82.6€/m²
业主：
Fa.Grossmann/ Fa.Majuntke

finalist /
finalista

罗森海姆芒法尔（Mangfall）公园沿着Inn河、芒法尔河以及Hammerbach溪展开。伴随着罗森海姆城向Inn河和芒法尔河河滨发展，公园成为罗森海姆城的开发项目之一。

该公园是2010年在罗森海姆举办的州花园展的一部分。

通过将河岸改造为公园，大大地激活了以前被工业和制造业占据的Inn河与老城之间的城市空间。

芒法尔公园是从景观设计和建筑设计的紧密地相互作用下发展而来的。

一个景观步道系统为公园增加了一些建筑元素。同时，它们连接了在水道之间的条形土地，创造出一个全新且更大的绿色空间。

公园与Inn河和芒法尔河之间的湿地相融合，与河岸形成了多处交叉点。

有时是戏剧性的，有时又是内敛的，创造出水陆交接处的不同个性。

因为接近水边，对于工程结构和防洪有着很高的要求。

这些要求从一开始就作为设计的组成部分融合在了总体规划中。

在2005年竞标成功后，该方案在2007~2010年之间施工完成。

新的罗森海姆公园占地13公顷，预算总计1000万欧元。

I3 · 芬洛市马士河大道

Maasboulevard Venlo

彼得·吕贝尔斯
（Peter Lubbers）
荷兰

设计公司：
Buro Lubbers
地点：
芬洛市，林堡省，荷兰
设计时间：
2012年
建设时间：
2012年
面积：
5000m²
造价：
261€/ m²
业主：
Jansen de Jong

244

14 Agros公园

Agros Park

劳拉·罗尔当·科斯塔
(Laura Roldǎo Costa)
安东尼奥·罗沙·莱特
(António Rocha Leite)
葡萄牙

设计公司：
Laura Roldao e Costa Landscape architecture
地点：
孔迪镇（Vila do Conde），葡萄牙
设计时间：
2008年
建设时间：
2012年
面积：
131100m²
造价：
250000€
业主：
私人
摄影：
塞尔吉奥·埃马努埃尔·佩雷拉·皮诺
（Sérgio Emanuel Pereira Pinto）

15 人权广场

Renewal of the Human Rights square

乔瓦尼·贝拉维蒂
（Giovanni Bellaviti）
康斯坦丁·库尔萨里斯
（Constantin Coursaris）
法国

设计公司：
B+C Architects

地点：
法兰西岛大区（Île de france），
特朗布莱（Tremblay），法国

设计时间：
2009年

建设时间：
2011年

面积：
4000m²

造价：
13.6€/m²

业主：
Saint Denis Construction-ISS

16 | 老火车北站公园

Park at former Northern Station

哈拉尔德·富格曼
（Harald Fugmann）
德国

设计公司：
Fugmann Janotta bdla
地点：
柏林，德国
设计时间：
2001年
建设时间：
2010年
面积：
51200m²
造价：
40€/m²
业主：
Brodmann GaLa-Bau/ Rer Brandenburg

I7 巴兰科德拉巴耶纳公园

Barranco de la Ballena park

维森特·米拉利亚韦
（Vicente Mirallave）
弗格拉·佩斯卡多尔
（Flora Pescador）
安赫尔·卡萨斯
（Ángel Casas）
吉思·泰拉
（Jin Taira）
西班牙

设计公司：
Mpc Arquitectos S.L.P.
地点：
大加那利岛拉斯帕尔马斯
（Las Palmas de Gran Canaria），西班牙
设计时间：
2009年
建设时间：
2011年
面积：
49960.05m²
造价：
48.03€/m²
业主：
Constructora San Jose'

I8 · "Masia de Comtes de Cervelló" 花园重建

Rearrangement of the gardens of the "Masia de Comtes de Cervelló"

劳拉·科利
（Laura Coll）
迈克尔·加西亚
（Mikel Garcia）
西班牙

设计公司
LASUMA paisajistas，MMAMB
地点
巴塞罗那，西班牙
设计时间：
2009年
建设时间：
2011年
面积：
2300m²
造价：
181.16€/m²
业主：
Moix Serveis i Obres SL

阿格尼丝・库弗拉斯
（Agnes Couvelas）
希腊

设计公司：
Couvelas Kouvelas
Architects Mechanical Engineers

地点：
雅典，希腊

设计时间：
2011年

建设时间：
2012年

面积：
7700m²

造价：
87€/m²

业主：
多方

通往 Bateries 公园的道路景观

New linking road to Bateries park

罗赫尔·门德斯
（Roger Méndez）
费尔南多·塔雷加
（Fernando Tàrrega）
豪梅·利翁格拉斯
（Jaume Llongueras）
西班牙

设计公司：
MMAMB

地点：
巴塞罗那，西班牙

设计时间：
2009年

建设时间：
2011年

面积：
6068m^2

造价：
136.04€/m^2

业主：
Obres i Serveis Roig SA

纳沙泰尔港口公共空间重建

Rearrangement of the public spaces of Neuchatel Port

豪梅·阿蒂洛斯
（Jaume Artigues）
伊莎贝拉·木纳萨尔
（Isabel Bennasar）
若尔迪·亨里奇
（Jordi Henrich）
西班牙

设计公司：
Jaume Artigues，Isabel Bennasar,Jordi Henrich,Arquitectes
地点：
纳沙泰尔（Nen châtel），瑞士
设计时间：
2012年
面积：
43000m²
业主：
纳沙泰尔市议会

朱塞培·翁加雷蒂公园

Giueseppe Ungaretti Park

保罗·布龙内洛
（Paolo Bornello）
意大利

设计公司：
Bornello workshop

地点：
萨格拉多镇（Sagrado），戈里齐亚省
（Gorizia），意大利

设计时间：
2009年

建设时间：
2010年

面积：
20000m²

造价：
6€/m²

业主：
"Amici di Castelnuovo"协会

摄影：
阿尔贝托·贝奇拉夸（Alberto Becilacqua）

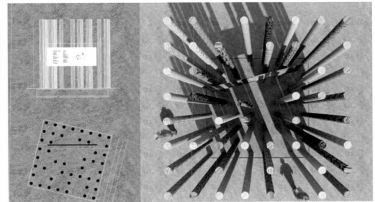

113 Biesbosch新城

Station Biesbosch

迈科·凡·斯蒂夫沃特
（Maike Van Stiphout）
克里斯·凡·德尔茨韦特
（Chris van der Zwet）
托恩·文霍尔闻
（Ton Venhoeven）
凯塔琳娜·哈格
（Katharina Hagg）
荷兰

设计公司：
DS landscape architecs，VenhoevenCS
Architecture and Urbanism
地点：
Biesbosch，多德雷赫特市（Dordrecht），
荷兰
设计时间：
2010～2011年
业主：
Stichting De Stad

114 | 瓦尔·格兰德西园

West park, Val Grande

伊莎贝尔·阿吉雷·乌尔考拉
（Isabel Aguirre Urcola）
西班牙

地点：
里斯本，葡萄牙
设计时间：
2003年
建设时间：
2011年
面积：
21.15hm²
造价：
33.60€/m²
业主：
里斯本市议会

Can Xarau城市公园及公共设施

Urban park and public facilities in Can Xarau

霍尔迪·亨里奇
（Jordi Henrich）
豪梅·阿蒂格斯
（Jaume Artigues）
西班牙

设计公司：
Jordi Henrich, Jaume Artigues,
Arquitectes
地点：
塞丹约拉（cerdanyola），巴塞罗那省，
西班牙
设计时间：
2011年
面积：
49344m²
业主：
塞丹约拉市议会

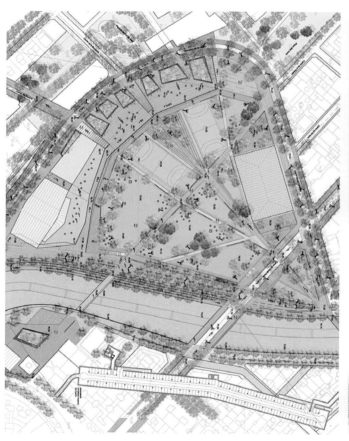

I16 Prat de Llobregat 总体规划

Masterplan for Prat de Llobregat

霍尔迪·亨里奇
（Jordi Henrich）
豪梅·阿蒂格斯
（Jaume Artigues）
霍尔迪·罗梅罗
（Jordi Romero）
伊马·汉萨纳
（Imma Jansana）
孔奇塔·德拉维拉
（Conchita de la Villa）
罗伯特·德帕乌
（Robert de Paauw）
H+N+S 景观事务所
西班牙

设计公司：
Jordi Henrich, Jaume Artigues, Arquitectes, Jansana, de la Villa, de Paauw arquitectes SLP, H+N+S Landscape Architects

地点：
普拉特-德略布加雷特（Prat de Llobregat），
巴塞罗那，西班牙

设计时间：
2009年

面积：
180hm^2

业主：
普拉特-德略布加雷特市议会，INCASOL

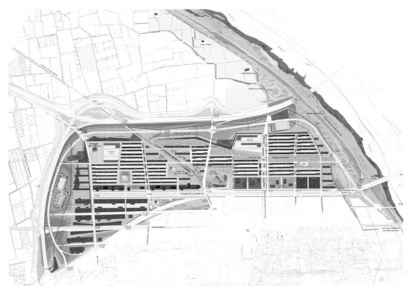

117 群岛

Arkipelag

洛朗・布德里莱特
（Laurent Boudrillet）
伯纳德・吉扬
（Bernard Guillien）
托马斯・德里斯基
（Thomas Dryjski）
雅克・塞巴格
（Jacques Sebbag）
安妮・佩佐尼
（Anne Pezzoni）
法国

设计公司：
Archi5 Agency
地点：
斯德哥尔摩，瑞典
设计时间：
2009～2010年
面积：
50hm²
业主：
斯德哥尔摩市议会

曼努埃尔·鲁伊桑切丝
（Manuel Ruisánchez）
弗朗塞斯克·巴卡迪特
（Francesc Bacardit）
费伦·庞得
（Ferran Pont）
蒙特塞拉特·如西亚
（Montserrat Garcia）
西班牙

设计公司：
Planurbs+Ruisánchez Arquitectes
地点：
特拉萨（Terrassa），巴塞罗那，西班牙
设计时间：
2010年
建设时间：
2011年
面积：
79267m²
造价：
56.65€/m²
业主：
特拉萨市政府（Terrassa）
摄影：
特雷莎·略尔德斯（Teresa Llordés）

I19 游船码头与"河流"建筑设计竞赛

Architectual competition for the designing of the Fishing Boat Harbour and the "River"

瓦西利斯·勒雷迪斯
（Vasilis Iereidis）
迈克尔·艾米利奥斯
（Michael Aimilios）
亚历山德·佐马斯
（Aleksandros Zomas）
埃莱尼·米特库
（Eleni Mitakou）
亚历克西娅·赖西
（Alexia Raisi）
季米特里斯·哈茨奥普勒斯
（Dimitris Hatzopoulos）
帕拉斯凯维·法努
（Paraskevi Fanou）
拉达·阿纳斯塔西娅
（Lada Anastasia）
希腊

地点：
法马古斯塔（Farmaghsta），利奥佩特里
（Liopetri），塞浦路斯（Cyprus）

设计时间：
2011年

建设时间：
2014～2015年

面积：
42hm²

造价：
估计21.50€/m²

业主：
内政、城镇规划和住房部建筑竞赛

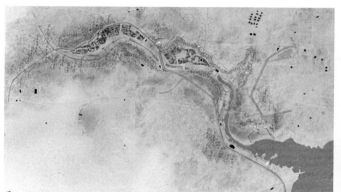
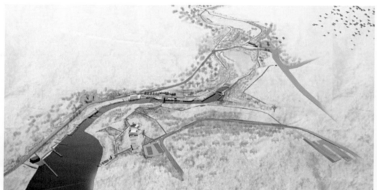

I20 M.Emilia Casas大道周边生态及可达性重建

Ecological and accessibility rearrangement around
M.Emilia Casas avenue

苏珊娜·洛佩斯·巴雷拉
（Susana López Varela）
西班牙

地点：
卢戈（Lugo），蒙福尔特-德莱莫斯（Monforte de Lemos），西班牙

设计时间：
2010年

建设时间：
2010年

面积：
1282m²

造价：
121.68€/m²

业主：
蒙福尔特市议会（Monforte）

Osservanza区公共公园

Public park in Osservanza zone

艾瑞卡·达拉拉
（Enrica Dall'Ara）
意大利

设计公司：
P'arc architettura del paesaggio

地点：
切塞纳（Cesena），意大利

设计时间：
2011年

面积：
17830m²

造价：
58.25€/m²

业主：
切塞纳市议会

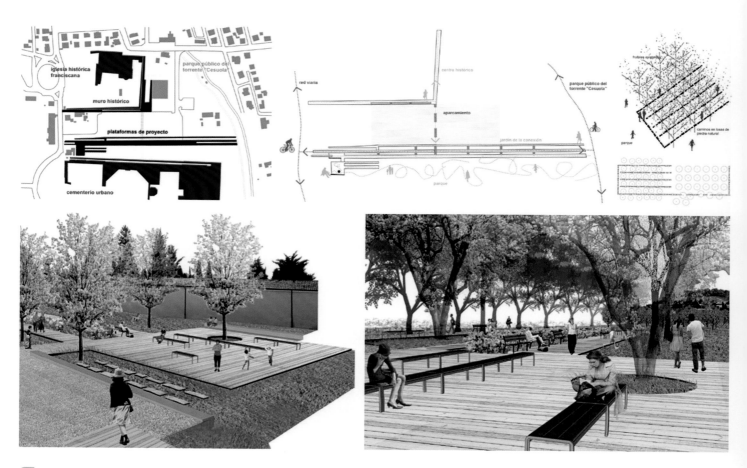

克里斯蒂安·沙勒
（Christian Schaller）
赫尔穆特·西奥多
（Helmut Theodor）
德国

设计公司：
Schaller/Theodor Architekten Bda
地点：
科隆，德国
设计时间：
1998年
建设时间：
2004～2006年
面积：
11950m²
造价：
544€/m²
业主：
科隆市议会
摄影：
托马斯·里尔（Tomas Riehle），KRESS & ADAMS Atelier für Tages-und Kunstlichtplanung

托雷帕切科城市公共空间发展、管理和规划

Interventions for urban development, management and planning of the public space in Torre Pacheco

马丁·莱哈拉加
（Martín Lejarraga）
西班牙

设计公司：
Martín Lejarraga，Architecture Office
地点：
托雷帕切科（Torre Pacheco），穆尔西亚
（Murcra），西班牙
设计时间：
2006年
建设时间：
进行中
面积：
84000m²
造价：
122.60€/m²
业主：
托雷帕切科市议会
摄影：
戴维·弗鲁托斯（David Frutos）

巴尔萨·别哈广场重建

Rearrangement of Balsa Vieja Square

恩里克·明格斯
（Enrique Mínguez）
西班牙

设计公司：
Enrique Mínguez arquitectos
地点：
托塔纳（Totana），穆尔西亚（Murcia），
西班牙
设计时间：
2008年
建设时间：
2010年
面积：
2795m²
造价：
107.33€/m²
业主：
托塔纳市议会
摄影：
戴维·弗鲁托斯（David Frutos）

125 塞拉隆滨水区及莫尔海岸

Waterfront of Serrallo district and Moll de la costa

哈维尔·克利门特
（Xavier Climent）
西班牙

设计公司：
Estudi d'arquitectura Xavier Climent
地点：
塔拉戈纳（Tarragona），西班牙
设计时间：
2005~2008年
建设时间：
2007~2010年
面积：
51039m²
造价：
103.60€/m²
业主：
塔拉戈纳港管理局（Tarragona）

萨拉戈萨电车道的城市整合

Urban integration of Zaragoza tramway

伊纳奇·阿尔迪
（Iñaki Alday）
玛加丽塔·霍维尔
（Margarita Jover）
西班牙

设计公司：
Aldayjover arquitectura y paisaje
地点：
萨拉戈萨（Zaragoza），西班牙
设计时间：
2009年
建设时间：
2011年
面积：
180500m²
造价：
210.92€/m²
业主：
Ute Fcc-Acciona
摄影：
何塞·埃维亚（José Hevia）

127 罗纳河岸

Rhône river bank

雅尔贝·埃马纽埃尔
（Jalbert Emmanuel）
法国

设计公司：
IN SITU-Paysages et Urbanisme
Jourda Architectes Coup d'Eclat（灯光设计）

地点：
罗纳阿尔卑斯（Rhône Alpes），里昂，
法国

设计时间：
2003年

建设时间：
2007年

面积：
$10hm^2$

造价：
$300€/m^2$

业主：
勒格朗·利翁（Le Grand Lyon）

曼托瓦湖文化公园：一种新的水城更新整合策略

The cultural park of Mantua lakes. A new integrated strategy for the water city regeneration

保拉・E.法利尼
（Paola E. Falini）
帕特里齐亚・曾尔奇尼
（Patrizia Pulcini）
莫妮卡・斯甘杜拉
（Monica Sgandurra）
意大利

地点：
曼托瓦（Mantua），意大利
设计时间：
2010年
面积：
63.81km²
业主：
公共管理部

玛里亚·A. 塞甘蒂尼·卡
洛·卡帕伊
（ Maria A. Segantini Carlo
Cappai ）
意大利

设计公司：
C+S Architects

地点：
威尼斯，意大利

设计时间：
2001年

建设时间：
2012年

业主：
威尼斯水务局，威尼托地区，威尼斯市
议会

摄影：
亚历山德拉·切莫罗（ Alessandra Chemollo ）
/彼得罗·萨沃雷利（ Pietro Savorelli ）/马尔
科·赞塔（ Marco Zanta ）

米雷娅·弗尔南德斯
（Mireia Fernández）
米雷娅·鲁维奥·科尔
（Mireia Rubio Coll）
西班牙

设计公司：
YPaisatge s.c.p.

地点：
圣阿德里安-德贝索斯（Sant Adrià del Besos），巴塞罗那，西班牙

设计时间：
2009年

建设时间：
2010年

面积：
1232m^2

造价：
77€/m^2

业主：
Acycsa

罗伯特·汤森（Robert Townshend）
英格兰

设计公司：
Townshend Landscape Architects
地点：
伦敦，英国
设计时间：
2000年
建设时间：
2030年
面积：
300000m²
业主：
BAM Construction, Kier Construction and Carillion

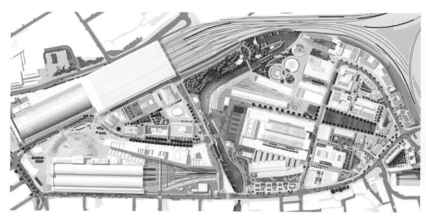

I32 费尔森市Wijkeroog公园

Wijkeroogpark Velsen

马沙·翁德尔沃特
（Mascha Onderwater）
荷兰

设计公司：
Bureau B+B stedebouw en landscapsarchi-
tectuur

地点：
费尔森市（Velsen）/贝福维克（Beverwijk），
荷兰

设计时间：
2004年

建设时间：
2012年

面积：
190000m²

造价：
70€/m²

业主：
De Bie&Seignette

科尔温步行区
Corvin Promenade

罗伯特·汤森
（Robert Townshend）
英格兰

设计公司：
Townshend Landscape Architects
地点：
布达佩斯，匈牙利
设计时间：
2010年
建设时间：
2010年

I34 "从根部新生出淋巴"

From the roots new Lymph

马西莫·布里尼奥利
（Massimo Brignoli）
温琴佐·加利奥
（Vincenzo Gaglio）
安德烈亚·杰罗萨
（Andrea Gerosa）
保罗·莫尔泰尼
（Paolo Molteni）
加布里埃莱·里沃尔塔
（Gabriele Rivolta）
意大利

设计公司：
AUS Architetti
地点：
阿维利亚纳（Avigliana），意大利
设计时间：
2011年
建设时间：
2011年
面积：
2000m²
造价：
50€/m²

135 巴利戈尔吉纳绕城通道改造

Rearrangement of the urban crossing of
Vallgorguina

塞尔吉·洛佩斯–格拉多
（Sergi Lopez–Grado）
西班牙

地点：
巴利戈尔吉纳（Vallgorguina），西班牙
设计时间：
2009年
建设时间：
2011年
面积：
7241m^2
造价：
164€/m^2
业主：
Construccions Deumal

Area Metropolitana de Barcelona (AMB) 拉蒙·托拉 (Ramon Torra), 安东尼·法雷罗 (Antoni Farrero), 维克托·特内兹 (Víctor Ténez), 佩帕·莫兰 (Pepa Morán), 露西娅·韦基 (Lucia Vecchi), 艾达·芒索 (Aida Munsó), 何塞·阿隆索 (Jose Alonso), 蒙塞·阿维奥 (Montse Arbiol), 马克·圣·何塞 (Marc San José), 卡塔利纳·蒙特塞拉特 (Catalina Montserrat), 霍尔迪·拉瑞 (Jordi Larruy), 哈维尔·纳瓦罗 (Javier Navarro), 艾尔弗雷德·弗尔南德斯·德拉雷格拉 (Alfred Fernández de la Reguera), 恩里克·巴特列 (Enric Batlle), 霍安·罗伊格 (Joan Roig), 萨拉·巴图莫斯 (Sara Bartumeus), 安娜·雷瑙 (Anna Renau), 克拉雷·塞拉伊马 (Claret Serrahima)
西班牙

设计公司：
Àrea Metropolitana de Barcelona (AMB)
地点：
下略夫雷加特 (Baix Llobregat), 巴塞罗那, 西班牙
设计时间：
2006年
建设时间：
2012年
面积：
1070hm²
造价：
2.3€/m²
业主：
公共管理部
摄影：
霍尔迪·L·普伊赫 (Jordi L. Puig)

"绿盘"城市公园

Project for the urban park "Piastra Verde"

G·阿莱西奥·斯卡拉莱
(G. Alessio Scarale)
西尔韦斯特罗·雷吉娜
(Silvestro Regina)
米凯莱·瓦莱里奥
(Michele Valerio)
意大利

设计公司：
Studio Assaus
地点：
圣塞韦罗（San Severo），意大利
设计时间：
2007年
建设时间：
2008年
面积：
17500m²
造价：
11.43€/m²
业主：
圣塞韦罗市议会

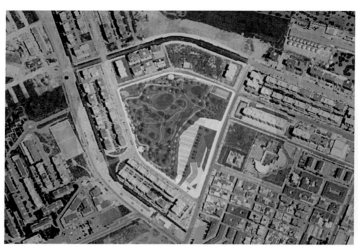

H+N+S 景观事务所
荷兰

设计公司：
H+N+S 景观事务所

地点：
哈勒默梅尔（Haarlemmermeer），荷兰

设计时间：
2012年

建设时间：
2014年

面积：
125000m²

造价：
7720000€

业主：
GEM A4 zone west

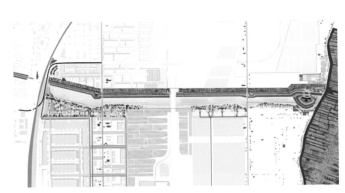

139 蒙德戈绿色公园

Green park in Mondego

梅尔塞斯·维埃拉
（Mercês Vieira）
葡萄牙

设计公司：
MVCC Arquitectos
地点：
科英布拉（Coimbra），葡萄牙
设计时间：
2002年
建设时间：
2006年
面积：
150000m²
造价：
30€/m²
业主：
Coimbra Polis S.A.
科英布拉市（Câmara Municipal de Coimbra）
摄影：
何塞·罗沙（José Rocha）

琳达·胡伊吉尔
（Linda Hooijer）
约兰达·范路易
（Jolanda van Looij）
马丽克
（Marieke）
范登埃尔岑
（Van Den Elzen）
荷兰

设计公司：
Omgeving cvba

地点：
阿珀尔多伦（Apeldoorn），海尔德兰
（Gelderland），荷兰

设计时间：
2004年

建设时间：
2012年

面积：
600000m²

造价：
28€/m²

业主：
斯米茨·林斯玛（Smits Rinsma）

奥里奥尔·帕雷斯
（Oriol Parès）
埃利塞达·布伊塞达
（Elisenda Buixeda）
马尔塔·布尼涅斯
（Marta Bunyesch）
哈维尔·穆努埃拉
（Xavier Munuera）
胡利娅·维尼恩特
（Julia Vinent）
何塞普·巴涅兹
（Josep Bañez）
西班牙

设计公司：
蒙卡达和雷克萨奇市议会
地点：
蒙卡达和雷克萨奇市（Montcada i Reixac），
巴塞罗那，西班牙
设计时间：
2010～2011年
建设时间：
2011年
面积：
34200m²
造价：
21.7€/m²
业主：
蒙卡达和雷克萨奇市议会（Montcada i Reixac）
摄影：
亚历克斯·阿芒戈尔·科洛姆
（Aleix Armengol Colom）

伊马·汉萨纳
（Imma Jansana）
孔奇塔·德拉比利亚
（Conchita de la Villa）
罗伯特·德帕乌
（Robert de Paauw）
西班牙

设计公司：
Jansana，de la Villa，de Paauw arquitectes SLP
地点：
巴塞罗那，西班牙
设计时间：
2006年
建设时间：
2005年
面积：
5250m²
造价：
161.90€/m²
业主：
巴塞罗那市议会/ PRONOBA
摄影：
阿德里亚·高拉（Adrià Goula）

何塞·路易斯
（José Luis）
埃斯特瓦·佩内拉斯
（Esteban Penelas）
西班牙

设计公司：
Panelas Architects
地点：
马德里，西班牙
设计时间：
2005年
建设时间：
2007年
面积：
30511m²
造价：
168.2€/m²
业主：
Ferrovial agromn
摄影：
米克尔·德古斯曼·加西亚—蒙赫
（Miquel de Guzmán García-Monge）

萨拉·塔瓦雷斯·科斯塔
（Sara Tavares Costa）
巴勃罗·F. 迪亚斯·菲耶
罗斯
（Pablo F.Díaz Fierros）
西班牙

设计公司：
Costa Fierros Arquitectors

地点：
塞维利亚，西班牙

设计时间：
2007年

建设时间：
2011年

面积：
27232m²

造价：
140€/m²

业主：
安达卢西亚公共项目委员会
Andalucia

摄影：
巴勃罗·迪亚斯·菲耶罗斯
（Pablo F. Díaz Fierros）

克劳迪·阿吉洛·里乌
（Claudi Aguiló Riu）
克劳迪·阿吉洛·阿兰
（Claudi Aguiló Aran ）
马蒂·桑斯
（Martí Sanz ）
阿尔韦特·多明戈
（Albert Domingo ）
西班牙

设计公司：
data AE+Claudi Aguiló Riu
地点：
圣佩德罗-德里瓦斯（Sant Pere de Ribes），
巴塞罗那，西班牙
设计时间：
2006年
建设时间：
2008年
面积：
118723m²
造价：
23.53€/m²
业主：
圣佩德罗-德里瓦斯市议会
摄影：
阿德里亚·高拉（Adrià Goula ）

市政厅到Zubimusu桥之间的奥里亚河右岸滨河道路

River path on the right Oria river bank between townhall and Zubimusu bridge

利克斯利亚·乌加尔德
（Ixiar Ugalde）
克里斯蒂娜·罗德里格斯
（Cristina Rodriguez）
西班牙

设计公司：
KINKA Diseño-Arquitectura-Urbanismo
地点：
比利亚沃纳（Villabona），
吉普斯夸（Gipuzkoa），西班牙
设计时间：
2009年
建设时间：
2010年
面积：
1080m²
造价：
267€/m²
业主：
Urbycolan S.A.

啥维尔·洛佩斯
（Javier Lopez）
马尔塔·达尔毛
（Marta Dalmau）
阿尔韦托·桑坦德
（Alberto Santander）
西班牙

地点：
毕尔巴鄂（Bilbao），西班牙
设计时间：
2005年
建设时间：
2010年
面积：
22686m²
造价：
314.73€/m²
业主：
西班牙法罗里奥（Ferrovial）集团

圣塞拉菲诺公园

San Serafino Pubic park

卢卡·巴罗尼
（Luca Baroni）
意大利

设计公司：
INSITU，landscape design
地点：
奥佩亚诺（Oppeano），维罗纳，意大利
设计时间：
2007～2010年
建设时间：
2008～2010年
面积：
10500m²
造价：
55.60€/m²
业主：
奥佩亚诺市议会

过渡

2 个入围 / 85 个项目

玛丽安·蒙森（Marianne Mommsen）
黑克·格罗
（Heck Gero）
德国

设计公司：
Relais Landschaftsarchitekten
地点：
柏林，德国
设计日期：
2007年
建设日期：
2011年
面积：
7000m²
造价：
350€/m²
业主：
KMB Metallbau，alpina
摄影：
汉斯·约斯滕（Hanns Joosten）/
斯特凡·穆勒（Stefan Müller）

finalist /
finalista

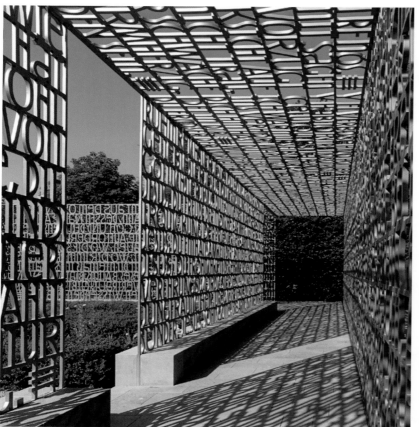

花园是象征空间，通过结构和材料的使用来展示多种内涵。花园可"读"，因此可"写"。

文字花园并不是一种乌托邦，而是形成园林的象征传统与游人感知能力之间关系的一个有计划的现实。

基督教文化是理解花园的一种多层面的资源。正因如此，最终决定在柏林世界花园之中建造一个基督教花园。虽然从术语的角度讲不确切，但这个主题间接地涉及形式和寓意的传统。

可以从两种概念来理解这个基督教花园：一种是充满符号的形式，一种是不同符号系统的重叠。

花园位于森林中的一片空地上，其自身结构借鉴了修道院和修道院花园的格局。

这种传统的建筑格局融入了植物造型中，其中还有十字相交的道路系统和用字母拼接而成的回廊，金色的字母组成的文句涉及圣经、神学和文学作品中具有基督教寓意的、与自然和花园有关的内容。整个方形花园空间由高高的仔细修剪过的榉木树篱围绕起来。一条环绕的路引向了花园中心最低处。

挡土墙、长凳和铺装都是由贝壳灰岩做成。花园最中心的部分由371段用铝合金铸造然后焊接在一起的回廊。字母是回廊结构的主要元素，创造了一个用语言定义的空间。

在内与外、光与影之间，这个空间形成了一个宁静而中空的区域。

构成回廊的文字采用了一种主题性和时间的次序，跨度从造物到死亡，从旧约直至当代。

《约翰福音》开篇中的一段假设了一个关键角色"道成了肉身，住在我们中间"，代表了在五旬节期间巴比伦人克服了语言的混乱，也强调了文字这一概念。虽然大多数文字是以德语呈现，但是这段话也作为一条连续的纽带以古希腊语、拉丁语、英语、法语、意大利语、西班牙语、葡萄牙语、瑞典语、波兰语、匈牙利语、罗马尼亚语和俄语的形式出现在回廊的顶棚上。

为使这段文字从回廊内部清晰可读，设计了一种新的字体。内部花园的路径以十字状布置，将空间正交划分为四个区域。回廊向内一侧空间的边缘被长凳环绕。

由四块整石构成的石造喷泉强调了道路的交叉点。水从整石的顶部流下，在从石块一侧流下之前，四块整石光滑的倾斜表面造就了平滑的倾斜水面，仿佛一层薄膜覆盖住了整石略微倾斜的表面，此情境下的水面仿若时间停泊在了历史的场景，植物的造型也还原出修道院的生活氛围。

观赏灌木、多年生和一年生植物间隔地生长在花园中长条形的常绿植物之间。植物在基督教的象征意义上有着特殊的地位。植物影响了许多信徒每日的生活，甚至有时被视为具有神圣的能力，起到治愈的作用。

T2

特威克尔庄园，特威克尔城堡历史公园修复

Twickel Estate, renovation of the historic park of Twickel Castle

迈克尔·范·杰塞尔
（Michael Van Gessel）
荷兰

设计公司：
Michael Van Gessel Landscape Architecture
地点：
上艾瑟尔省（Overijssel），德尔登
（Delden），荷兰
设计时间：
1999 ~ 2005年
建设时间：
2007 ~ 2009年
面积：
40000m²
造价：
87.50 €/m²
业主：
特威克尔（Twickel）基金会
摄影：
埃米利奥·特尤科索·拉腊因
（Emilio Troncoso Larrain）

*finalist /
finalista*

特威克尔庄园位于荷兰东部，有将近700年的历史。在1953年之前，特威克尔一直都是荷兰面积最大的私人地产，直到后来被一个基金会收购。

这个28公顷庄园的面貌几乎每个世纪都会有大的改变，最近一次是19世纪末由德国风景园林师爱德华·彼佐尔德（Eduard Petzold）进行的重新设计。随后的发展、变迁和衰败，最终使庄园与最初的设计面貌渐行渐远。

因此，基金会又提起了一项保护公园的计划，因为公园总是处在变化之中，所以目的并不是让公园恢复成最初的状态，而是将其进行更新和改造。

该项目包括几个任务：大量清理灌木丛以体现公园的空间结构，重新梳理道路体系，恢复和扩大水系，增加现代元素，以及建立一个神殿。这个神殿由风景园林师J.D. Zocher在19世纪早期就已设计好，但从未建造。

这个项目展示了一个古老的庄园是如何在尊重其现状和悠久历史、同时满足当前的需求和使用的情况下进行修复的。

特威克尔庄园在国内外享有盛誉，通过它可以看到不同历史时期的影响和花园风格，并且和谐地糅合在一起。

同样，四座桥、神殿、眺望台以及带有商店的入口建筑都是一种非常现代的设计风格，却与历史公园很好地融合在一起。

特威克尔的桥并不像风景园所要求的那样引人注目。

如同公园中的点景物，它们作为装饰性的宝石，邀请着人们探索自然。

最初，渔夫岛有两座简单的桥。

它们被一个桥取代，越过小岛并跨越了整个湖面，与流畅的岸线形成一种美丽的对比。

桥的铁艺栏杆呼应着摇曳的芦苇，强调出其长度和纤细。

另一座桥，由耐候钢制成，有一种锈蚀的感觉，栏杆呈现树叶形式。

游客穿过桥可以欣赏到附近跌水的声音，跌水特意抬升了高度以增强效果。

石桥代替了原来的坝，虽具有帕拉第奥式的特征，但是石材的细部仍显示出其现代感的设计。

帕特里齐亚·波齐
（Patrizia Pozzi）
意大利

设计公司：
Landscape design Patrizia Pozzi
地点：
米兰，意大利
设计时间：
2010年
建设时间：
2011年
面积：
9000m²
造价：
40€/m²
业主：
房地产中心s.r.l
摄影：
达维德·福尔蒂（Davide Forti），
亚历山德拉·费利尼（Alessandra Ferlini）

帕特里奇亚·波齐
（Partrizia Pozzi）
意大利

设计公司：
Landscape design Patrizia Pozzi
地点：
卡塔尼亚（Catania），意大利
设计时间：
2010年
建设时间：
2010年
面积：
80000m²
业主：
宜家

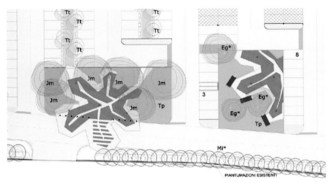

霍安·M·马雷罗
（Juan M.Marrero）
埃娃·帕尔东
（Eva padrón）
奥斯卡·雷沃略
（Oscar Rebollo）
西班牙

地点：
加那利群岛拉斯帕尔马斯（Las Palmas
de Gran Ganaria），西班牙

设计时间：
2010年

建设时间：
2011年

面积：
22928m²

造价：
30.69€/m²

业主：
加那利群岛拉斯帕尔马斯市议会

T6　城堡花园

Each Castle its Garden

阿努克·沃热尔
（Anouk Vogel）
瑞士

设计公司：
Anouk Vogel landscape architecture

地点：
洛桑，瑞士

设计时间：
2007年

建设时间：
2009年

面积：
2070m²

造价：
19.48€/m²

业主：
城市花园协会

摄影：
杰伦·米施（Jeroen Musch）

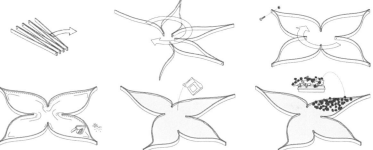

霍安·克雷乌斯
（Joan Creus）
科瓦东加·卡拉斯科
（Covadonga Carrasco）
西班牙

设计公司：
CREUSeCARRASCO
地点：
马尔皮卡（Malpica），拉科鲁尼亚市（A
Coruña），西班牙
设计时间：
2005年
建设时间：
2009年
面积：
13710m²
造价：
207.40€/m²
业主：
加利西亚港
摄影：
Xodin Pinton

T8 森林之中

Inner Forest

伊万·华雷斯
（Iván Juárez）
墨西哥

设计公司：
X-Studio

地点：
戴尔村（Dale i Sunnfjord），挪威

设计时间：
2011年

建设时间：
2011年

面积：
3.5m²

业主：
北欧艺术中心 Dalsåsen（NKD）/挪威文化部

T9 圣胡安（Sant Joan）林荫大道改造

Passeig de Sant Joan street rearrangement

洛拉·多梅内奇
（Lola Domènech）
西班牙

设计公司：
Lola Domènech arquitecta
地点：
巴塞罗那，西班牙
设计时间：
2009年
建设时间：
2011年
面积：
31455m²
造价：
131.20€/m²
业主：
FCC（西班牙营建集团）
摄影：
阿德里亚·高拉（Adirià Goula）

T10 仙人掌城

Cacticity

阿努克・沃热尔
（Anouk Vogel）
瑞士

设计公司：
Anouk Vogel landscape architecture
地点：
毕尔巴鄂（Bilbao），西班牙
设计时间：
2008年
建设时间：
2009年
面积：
80m²
造价：
75€/m²
业主：
毕尔巴鄂，700基金会
摄影：
杰伦・米施（Jeroen Musch）

T11 巴黎大都市景观

Paris Metropolitan Landscape

艾丽斯·鲁西耶
（Alice Roussille）
纳塔莉·勒维
（Nathalie Levy）
贝亚特丽斯
（Béatrice），
朱利安–拉布吕耶尔
（Julien–Labruyère）
法国

设计公司：
Paula Paysage Associées
地点：
巴黎，法国
设计时间：
2011年
建设时间：
2011年
造价：
15000€
摄影：
埃马努埃尔·勃朗（Emmanuelle Blanc）

马丁·克努特
（Martin Knuijt）
荷兰

设计公司：
OKRA landscape architecture

地点：
鹿特丹，荷兰

设计时间：
2010年

建设时间：
2010年

面积：
53000m²

造价：
104€/m²

业主：
鹿特丹市政府

摄影：
本·特尔·马尔（Ben Ter Mull）

T13 拉斯梅德拉斯考古学校景观和室外电梯设计

Landcape and exterior lift for the archeological school of Las Médulas

安赫尔·卡梅洛·塞佩达·马丁
（Ángel Carmelo Cepeda Martín）
佩德罗·路易斯·加列戈
（Pedro Luis Gallego）
费南德斯
（Fernandez）
西班牙

地点：
拉斯梅德拉斯（Las Medulas），西班牙
设计时间：
2008年
建设时间：
2010年
面积：
397m²
造价：
400€/m²
业主：
卡斯蒂利亚-莱昂（Castilla y León）政府

T14 · 草坪小屋

Lawn House

安娜·丽塔·埃米利
（Anna Rita Emili）
意大利

设计公司：
Altro-studio

地点：
罗马，意大利

设计时间：
2003年

建设时间：
2008年

造价：
6000€

摄影：
埃马努埃莱·皮卡尔多
（Emanuele Piccardo）

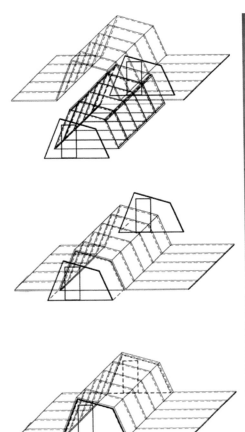

T15 UAB大学信息亭

UAB Information Platforms

何塞普·穆尼奥斯
（Josep Muñoz）
西班牙

设计公司：
JMP
地点：
贝拉特拉（Bellaterra），巴塞罗那，西班牙
设计时间：
2008年
建设时间：
2010年
面积：
721m^2
造价：
296€/m^2
业主：
Heurop i Sidermet
摄影：
马尔卡·丰特·比拉（Marçal Font Vila）

T16　UAB心理学学院入口

UAB Psychological action

何塞普·穆尼奥斯
（Josep Muñoz）
西班牙

设计公司：
JMP
地点：
贝拉特拉（Bellaterra），巴塞罗那，西班牙
设计时间：
2009年
建设时间：
2010年
面积：
60m²
造价：
317€/m²
业主：
Mon Vertical sl
摄影：
马尔卡·丰特·比拉（Marçal Font Vila）

弗朗西斯科・杜卡托
（Francesco Ducato）
卡拉・阿泰德
（Carla Athayde ）
塞雷娜・德尔普利亚
（Serena Del Puglia）
意大利

设计公司：
Stardustudio
地点：
马尔萨拉（Marsala），意大利
设计时间：
2011年
建设时间：
2011年
面积：
39242m²
造价：
1.27€/m²
业主：
Iguzzini，Medipowe，Vivai Zichittella，
MGService

马蒂·桑斯
（Martí sanz）
马里奥娜·贝内迪图
（Mariona Benedito）
西班牙

设计公司：
MIM-A
地点：
巴塞罗那，西班牙
设计时间：
2011年
建设时间：
2011年
面积：
260m²
造价：
93.20€/m²
业主：
Constuccions Farre'

T19 威斯巴登犹太人遇害纪念碑

Memorial for the murdered Jews of Wiesbaden

芭芭拉·维勒克
（Barbara Willecke）
德国

设计公司：
Planung Freiraum
地点：
黑森（Hasse），威斯巴登（wiesbaden），
德国
设计时间：
2011年
建设时间：
2011年
面积：
2900m²
造价：
665€/m²
业主：
Steinmetz-und Natursteinbetrieb
Pfannenstein, Steinmetz-und Steinbildhauerei
Schwartzenberg, Gramenz Neubau GmbH

T20 · Alemanys 5 住宅

Alemanys 5

安娜·诺格拉
（Anna Noguera）
西班牙

设计公司：
Anna Noguera Arquitectura

地点：
赫罗纳，西班牙

设计时间：
2008年

建设时间：
2010年

面积：
97m²

造价：
221.65€/m²

业主：
J.M.Ribera

摄影：
贡纳德·克内彻尔（Gunnard Knetchel）
安德烈亚·怀纳（Andrea Wyner）

T21 | 黑色装置

The gothic joint

路易·波
（Lluís Pau）
蒙特塞·帕德罗斯
（Montse Padrós）
西班牙

设计公司：
Estudi IDP
地点：
巴塞罗那，西班牙
设计时间：
2011年
建设时间：
2012年
面积：
7m²
造价：
2824€/m²
业主：
Museu del Disseny Hub Barcelona,DHUB

T22 群蝇吊景装置

The Flies

奥尔加·古铁雷斯
（Olga Gutiérrez）
拉克尔·卡内罗
（Raquel Carnero）
拉亚·努涅斯
（Laia Nuñez）
亚历杭德拉·列瓦纳
（Alejandra Liébana）
西班牙

设计公司：
080 Arquitectura
地点：
赫罗纳，西班牙
设计时间：
2010年
建设时间：
2010年
面积：
700m²
造价：
500€
业主：
赫罗纳市政府

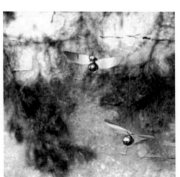

惰性系统VS生活系统
Inert System vs living System

埃克托尔·加西亚
（Héctor García）
伊娃·略尔卡
（Eva Llorca）
法国

设计公司：
Héctor García+Eva Llorca slp
地点：
大加那利岛拉斯帕尔玛斯（Las Palmas
de Gran Canaria），西班牙
设计时间：
2011年
建设时间：
2011年
面积：
90m²
造价：
120€/m²
业主：
R.E.E.Red Eléctrica de España

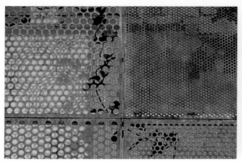

T24 遮阴棚

Shade

比森克·穆莱特
（Vicenç Mulet）
西班牙

地点：
帕尔马（Palma de Mallorca），西班牙

设计时间：
2011年

建设时间：
2011年

面积：
250m²

业主：
U.T.E

西里·瓦尔纳
（Siiri Vallner）
爱沙尼亚

设计公司：
Kacakaca Oü
地点：
塔林（Tallinn），爱沙尼亚
设计时间：
2010年
建设时间：
2011年
面积：
70m²
造价：
71.40€/m²
业主：
Lift 11城市装置节
摄影：
玛吉特·阿格斯（Margit Argus），马林·梅尔克（Maarin Myrk），塔尔沃·汉诺·瓦雷斯（Tarvo Hanno Varres）

T26 家

The family

莫妮卡·戈拉
（Monika Gora）
瑞典

设计公司：
Gora Art&Landscape
地点：
马尔默（Malmö），瑞典
设计时间：
2009～2010年
建设时间：
2010年
面积：
100m²
造价：
1200€/m²
业主：
Region Skåne
摄影：
佩奥·奥尔松（Peo Olsson）

赫罗尼莫·洪克拉·加西亚·德尔迭斯特罗
（Jerónimo Junquera García del Diestro），
赫罗尼莫·洪克拉·冈萨雷斯–布埃诺
（Jerónimo Junquera González–Bueno），
安娜·洪克拉·冈萨雷斯–布埃诺
（Ana Junquera González–Bueno），
利利亚娜·奥瓦·迪亚斯
（Liliana Obal Díaz）
西班牙

设计公司：
Junquera Arquitectors
地点：
马拉加（Málaga），西班牙
设计时间：
2005年
建设时间：
2011年
面积：
32200m²
造价：
158€/m²
业主：
EPSA Málaga port authority
摄影：
赫苏斯·格拉纳达（Jesus Granada）

Nesselande景观大道

Boulevard Nesselande

何德里安·克诺斯特
（Adriaan Knoester）
荷兰

地点：
南荷兰省，鹿特丹市，荷兰

设计时间：
2011年

建设时间：
2011年

面积：
109941m²

造价：
205€/m²

业主：
Boskalis-KWS

摄影：
伊林代斯特（Ilndester），纳迪娜·范登
贝尔赫
（Nadine Van den Berg）

T29 · 巴贝里诺别墅

Villa Barberina

保罗·博尔内罗
（Paolo Bornello）
意大利

设计公司：
Bornello workshop

地点：
瓦尔多比亚德内镇（Valdobbia dene），
特雷维索省（Treviso），意大利

设计时间：
2007年

建设时间：
2008年

面积：
3.4hm²

业主：
私人

摄影：
罗伯托·恰尼·巴塞蒂（Roberto Ciani Bassetti）

T30 布尔戈斯新医院

New hospital in Burgos

路易斯·巴列霍
（Luis Vallejo）
西班牙

设计公司：
LVEP，Luis Vallejo Estudio de Paisajismo
地点：
布尔戈斯，西班牙
设计时间：
2010年
建设时间：
2011年
面积：
73000m²
造价：
14€/m²
业主：
Arceval Jardinerial，S.L.
摄影：
米格尔·克兰塞（Miguel Kranse）

T31 阿尔马格罗街道办事处的内外花园

Exterior and interior gardens of the Almagro street offices

路易斯 · 巴列霍
（Luis Vallejo）
西班牙

设计公司：
LVEP,Luis Vallejo Estudio de paisajismo

地点：
马德里（Madrid），西班牙

设计时间：
2011年

建设时间：
2012年

面积：
500m²

造价：
280€/m²

业主：
Arceval Jardinerial，S.L.

T32　灯、影、声装置的设计和色彩规划

Design and colour planning for the light,shade and silence implementation

佩普·阿德梅特利亚
（Pep Admetlla）
西班牙

设计公司：
Pep Admetlla（Escultor-Dissenyador Industral）
地点：
萨尔特，赫罗纳，西班牙
设计时间：
2009年
建设时间：
2010年
面积：
1058m²
造价：
21€/m²
业主：
马西亚斯·卡尔德雷里亚·罗维拉
（Macias Caldereria Rovira）/奥比卡尔
（Obycall）/奥克斯伊特（Oxiter）

 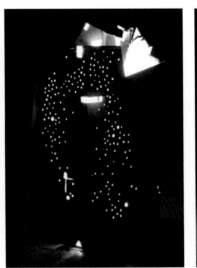 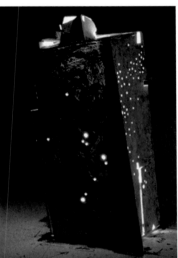

T33 Drimbawn庄园

Drimbawn Estate

伯纳德·西摩
（Bernard Seymour）
托尼·M. 奥芬伯格
（Toni M. Offenburger）
娜塔莎·阿里夫
（Natasha Ariff）
阿尔努·阿拉蒂斯伊尔
（Arnoud Alatissiere）
德雷克·诺顿
（Derek Naughton）
雷切尔·伯恩
（Rachael Byrne）
爱尔兰

设计公司：
Bernard Seymour Landscape Architects
地点：
Drimbawn地区，
Tourmakeady，梅奥郡，爱尔兰
设计时间：
2008年
建设时间：
持续到2018年
面积：
150hm²
业主：
私人客户

哈维尔·丰贝利亚
（Javier Fombella）
西班牙

设计公司：
Formbella Arquitecto
地点：
纳瓦（Nava），阿斯图里亚斯（Principado de Astarias），西班牙
设计时间：
2009年
建设时间：
2010年
面积：
1993m²
造价：
506€/m²
业主：
纳瓦市议会（Nava）
摄影：
埃利亚斯·索托·丰贝利亚（Elias Soto Fombella），（Contratas Iglesias S.A.）

T35 旋转花园

To Spin a Yard

西尔万·莫林
（Sylvain Morin）
奥雷利安·索亚
（Aurélien Zoia）
法国

设计公司：
Atelier Altern Paysagistes
地点：
皮卡第（Picardie），
亚眠（Amiens），法国
设计时间：
2010年
建设时间：
2010年
面积：
300m²
造价：
33€/m²
业主：
亚眠文化之家

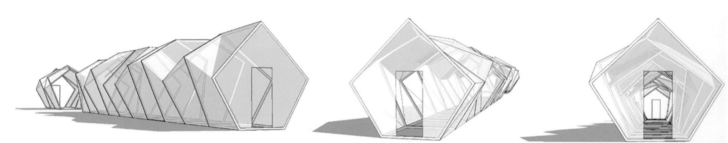

T36　埃斯佩尔特河上的人行和自行车桥

Footbridge for pedestrians and bicycle on Torrent d'Espelt

佩雷·普伊赫
（Pere Puig）
西班牙

设计公司：
Pere Puig Arquitecte
地点：
阿诺亚（Anoia），
伊瓜拉达（Igualada），西班牙
设计时间：
2009年
建设时间：
2010年
面积：
450m²
造价：
2385€/m²
业主：
Altiare

T37 古塔曼研究所十字路口的人行道改造与城市干预

Rearrangement of the sidewalk and urban
intervention on the cross at the Guttamann Institute

伊多娅·马丁
（Idoia Martin）
安娜·马丁
（Anna Martin）
西班牙

设计公司：
Migiro Arquitecture SLP
地点：
巴达洛纳（Badalona），巴塞罗那省，
西班牙
设计时间：
2007年
建设时间：
2007年
面积：
2045m²
造价：
94.53€/m²
业主：
Stachy's S.A

T38 栅栏花园

Clotures

恩里卡·达尔阿拉
（Enrica Dall'Ara）
意大利

地点：
特尔尼（Terni），意大利
设计时间：
2010年
建设时间：
2010年
面积：
30m^2
造价：
33€/m^2
业主：
Builtby Enrica Dall'Ara and GATR Giovani
Architetti Terni（Young Architects Terni）

T39 镜子实验室

Mirror lab

勃巴罗·博林切斯
（Pablo Bolinches）
达拉赫·布雷斯纳克
（Darragh Breathnach）
达里亚·莱坎纳（Daria
Leikina）
西班牙

设计公司：
VAV architects
地点：
圣罗特桥（Pont de Sant Roc），奥洛特
（Olot），西班牙
设计时间：
2011年
建设时间：
2011年
造价：
900€
摄影：
米克尔·梅尔塞（Miquel Merce）

T40 | 绿墙

Green wall

胡利·卡佩利亚
（Juli Capella）
米克尔·加西亚
（Miquel Garcia ）
西班牙

设计公司：
Capella Garcia Arquitectura s.l.p.
地点：
巴塞罗那，西班牙
设计时间：
2009年
建设时间：
2011年
面积：
288m²
造价：
744.40€/m²
业主：
巴塞罗那市议会，城市景观和生活质量机构

T41 锡切斯私人花园

Private garden in Sitges

瓦伦丁娜·格雷塞林
（Valentina Greselin）
朱莉娅·马嫩蒂
（Giulia Manenti）
斯特凡尼娅·萨巴蒂尼
（Stefania Sabatini）
西班牙

设计公司：
f3paisajearquitectura
地点：
里尔（Lille），法国
设计时间：
2010年
建设时间：
2012年
面积：
1160m²
造价：
125€/m²
业主：
私人

T42 阿姆斯特丹Timorplein

Timorplein Amsterdam

洛德韦克·巴约恩
（Lodewijk Baljon）
荷兰

设计公司：
lodewijk Baljon Landschapsarchitecten
地点：
阿姆斯特丹，荷兰
设计时间：
2007年
建设时间：
2011年
面积：
10800m²
造价：
185€/m²
业主：
Zeeburg Amsterdam

T43 大加那利岛拉斯帕尔马斯滨水空间

Waterfront in Las Palmas de Gran Canaria

霍安·帕洛普–卡萨多
（Juan Palop–Casado）
费尔南多·波蒂略·德阿门特拉斯
（Fernando Portillo de Armenteras）
西班牙

设计公司：
规划和建筑实验室[LPA]

地点：
大加那利岛拉斯帕尔马斯（Las Palmas de Gran Canaria），西班牙

设计时间：
2009年

面积：
40km²

摄影：
何塞·布埃诺（José Bueno）

霍尔迪·法朗多
（Jordi Farrando）
西班牙

设计公司：
Jordi Farrando arquitecte
地点：
科特赖克（Kortrijk），西佛兰德（West
Handeren），比利时
设计时间：
2007年
建设时间：
2009年
面积：
8500m²
造价：
53€/m²
业主：
W&Z for the Flemish Government

T45 Whatami 装置艺术

Whatami

西蒙娜·卡普拉
（Simone Capra）
克劳迪奥·卡斯塔尔多
（Claudio Castaldo）
弗朗切斯科·科兰杰利
（Francesco Colangeli）
安德烈亚·瓦伦蒂尼
（Andrea Valentini）
意大利

设计公司：
stARIT
地点：
罗马，意大利
设计时间：
2011年
建设时间：
2011年
面积：
650m²
造价：
166€/m²
业主：
Maxxi基金会
摄影：
塞萨雷·奎尔奇（Cesare Querci）

阿纳姆Eusebiushof大厦：城市议会大楼的两个庭院

Eusebiushof Arnhem:two courtyards for the city's council chambers

贝尔诺·斯特罗曼
（Berno Strootman）
荷兰

设计公司：
Srtootman Landschapsarchitecten
地点：
阿纳姆（Arnhem），海尔德兰（Gelderland），荷兰
设计时间：
2004~2008年
建设时间：
2008~2009年
面积：
2240m²
造价：
134€/m²
业主：
Eurocommerce Holding BV

设计公司：
Quim Esteve i Vidal Arquitecte
地点：
帕拉莫斯（Palamòs），赫罗纳，西班牙
设计时间：
2010年
建设时间：
2011年
面积：
3000m²
造价：
96.60€/m²
业主：
帕拉莫斯市议会

西尔维娅·乔利
（Silvia Cioli）
卢卡·D.欧塞比奥
（Luca D'Eusebio）
安德烈亚·曼戈尼
（Andrea Mangoni）
意大利

设计公司：
Studio UAP

地点：
罗马，意大利

设计时间：
2011年

建设时间：
2012年

面积：
844m²

造价：
114.93€/m²

业主：
Agri-natural Srl

T49 巴尔多利诺滨水空间的重建

Rearrangement of Bardolino's waterfront

马尔奇·阿埃德利
（Marci Aedielli）
意大利

设计公司：
Ardielll Associati

地点：
巴尔多利诺（Bardolino），
维罗纳（Verona），意大利

设计时间：
2006年

建设时间：
2008年

面积：
10010m²

造价：
294.70€/m²

业主：
巴尔多利诺市议会

摄影：
乔瓦尼·莫兰迪尼（Giovanni Morandini）

T50 鹿特丹水岸

Waterfront Rotterdam

马丁・卢伊捷
（Martin Looijie）
荷兰

地点：
鹿特丹，荷兰
设计时间：
2012年
建设时间：
2012年
面积：
37000m²
造价：
210€/m²

T51 奥尔堡水岸

Aalborg Waterfront

维贝克·伦诺
（Vibeke RØnnow）
海伦娜·克里斯滕森
（Helena Christensen）
托马斯·奥尔森
（Thomas Olsen）
安纳莉丝·劳里森
（Annelise Lauritsen）
伊娃·莫勒·索伦森
（Eva Moller Sorensen）
安娜·托尔斯特拉普
（Anne Tollestrup）
丹麦

设计公司：
Vibeke Roennow Landscape
C.F. Moller Architects
地点：
奥尔堡（Aalborg），丹麦
设计时间：
2005年
建设时间：
2012年
面积：
170000m²
造价：
277€/m²
业主：
奥尔堡市议会
摄影：
维贝克·伦诺（Vibeke RØnnow）
海伦妮·霍耶·丹克尔森（Helene Hoyer
Mikkelsen）

布鲁诺·德登斯
（Bruno Doedens）
荷兰

设计公司：
SLeM-foudation of landscape theatre and more
地点：
弗里斯兰（Friesland），泰尔斯海灵岛（Terschelling），荷兰
设计时间：
2008~2009年
建设时间：
2009年
造价：
250000€
业主：
Oeral节日
摄影：
弗洛里斯·茉文贝尔赫
（Floris Leeuwenberg）

T53 塞尼亚私人泳池

Private pool in Sènia

马内尔·帕利亚雷斯
（Manel Pallarès）
杰玛·A·埃斯卡拉
Gemma A. Escalas
西班牙

设计公司：
KF Arquitectes
地点：
贝尼萨内特（Benissanet），塔拉戈纳
（Tarragona），西班牙
设计时间：
2009年
建设时间：
2011年
面积：
10000m²
造价：
3€/m²
业主：
私人

斯特罗曼·贝尔诺
（Strootman Berno）
荷兰

设计公司：
Strootman Landschapsarchitecten
地点：
Drentsche Aa，荷兰
设计时间：
2007~2008年
建设时间：
2008~2012年
面积：
30000hm^2
造价：
2010000€
业主：
荷兰林业委员会北部地区
摄影：
哈里·库克（Harry Cook）

瞭望台：圣胡利安区的城市升降台

ATALAYA: urban lift in the district of San Julian

华金·阿德里亚
（ Joaquín Andrés ）
西班牙

设计公司：
Teruel Municipal Urban Society

地点：
特鲁埃尔（Teruel），西班牙

设计时间：
2009年

建设时间：
2011年

面积：
86964m^2

造价：
126363€/m^2

业主：
特鲁埃尔市城市协会

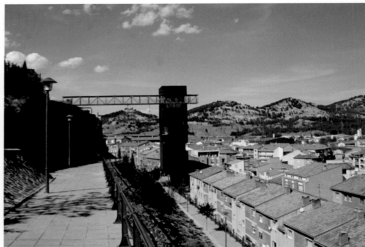

纳塔莉·吉德龙
（Nathalie Gidrón）
霍安·卡洛斯·卡斯特罗
（Juan Carlos Castro）
西班牙

设计公司：
Barbarela工作室
地点：
阿利坎特（Alicante），西班牙
设计时间：
2009年
建设时间：
2010年
面积：
89376m²
造价：
33197€/m²
业主：
OHL

米歇尔·科拉茹
（Michel Corajoud）
法国

设计公司：
Michel Corajoud Paysagiste
地点：
吉伦特（Gironde），波尔多，法国
设计时间：
2000年
建设时间：
2009年
面积：
42m²
造价：
220€/m²

马里纳·列斯
（Marina Llès）
布里安达·坎波阿莫
（Brianda Campoamor）
西班牙

设计公司：
La Fábrica de Verde
地点：
马德里，西班牙
设计时间：
2011年
建设时间：
2011年
面积：
1200m²
业主：
College of Architects of Madrid and Orona

T59 Vilanna冰井及周边环境总体规划

Masterplan for the ice well in Vilanna and surroundings

卡梅·塔伦切斯
（Carme Tarrenchs）
奥尔加·穆尼奥萨
（Olga Muñoz）
西班牙

设计公司：
EMT arquitectes
地点：
贝斯卡诺（Bescanó），赫罗纳，西班牙
设计时间：
2004~2007年
建设时间：
2009年
面积：
24650m²
造价：
16.50€/m²
业主：
贝斯卡诺市议会
摄影：
Marc Torra i Ferrer

T60 荣誉庭院

Cour d'Honneur

安托万·阿苏斯
（Antoine Assus）
法国

设计公司：
Agence d'architecture Boyer-Percheron-Assus et Associé
地点：
朗格多克-鲁西永（Languedoc-Roussillon），
尼姆（Nimes），法国
设计时间：
2005年
建设时间：
2010年
面积：
1630m^2
造价：
250€/m^2
业主：
朗格多克-鲁西永地区
摄影：
迪迪埃·布瓦·德拉图尔（Didier Boy de la Tour）

卡梅·塔伦切斯
（Carme Tarrenchs）
奥尔加·穆尼奥萨
（Olga Muñoz）
西班牙

设计公司：
Emtarquitectes
地点：
贝斯卡诺（Bescanó），赫罗纳，西班牙
设计时间：
2005年
建设时间：
2010年
面积：
4400m^2
造价：
62.76€/m^2
业主：
Construccions Narcia Matas SL

汉内克·基尼
（Hanneke Kijne）
荷兰

设计公司：
HOSPER landscapearchitecture and urban design

地点：
亨克（Genk），林堡（Limburg），比利时

设计时间：
2006年

建设时间：
2012年

面积：
5000m²

造价：
180€/m²

业主：
Kumpen NV Hasselt

摄影：
彼得·谢尔斯（Pieter Kers）

罗萨·蒙泰穆罗
（Rosa Montemurro）
意大利

设计公司：
RoMap_Rosa Montemurro architettura e paesaggio
地点：
贝诺文托（Benevento），意大利
设计时间：
2008年
建设时间：
2010年
面积：
100m²
造价：
200€/m²
业主：
Petrillo Costruzioni/Lombardi Costruzioni

T64 S.米格尔·德索托私人住宅

Private house in S.Miguel de Souto

保罗·法里尼亚
（Paulo Farinha）
安娜·S.帕切科
（Ana S.Pacheco）
马里亚·C·马克斯
（Maria C.Marques）
葡萄牙

设计公司：
Paisagem ilimitada, projectos de arquitectura paisagista,lda.
地点：
圣玛利亚达费拉（Santa Maria de Feira），波尔图（Porto），葡萄牙
设计时间：
2006~2007年
建设时间：
2008~2010年
面积：
25000m^2
造价：
12€/m^2
业主：
Patricia Andrade

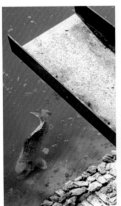

T65 : Hageveld 观赏水池

Hageveld Ornamental Pond

贝里·范埃尔德恩
（Berrie van Elderen）
马里克·奥代克
（Marike Oudijk）
荷兰

设计公司：
HOSPER风景园林与城市设计事务所
地点：
海姆斯泰德（Heemstede），荷兰
设计时间：
2002~2008年
建设时间：
2008年
面积：
700m^2
业主：
de Nijs
摄影：
Pieter Kers

T66 科尔蒂纳丹佩佐街道花园

Cortina d'Ampezzo's street garden

马里亚·C.图利奥
（ Maria C.Tullio ）
西蒙娜·阿曼蒂亚
（ Simone Amantia ）
意大利

设计公司：
Paesaggi&Paesaggi
地点：
罗马，意大利
设计时间：
2010年
建设时间：
2010年
面积：
3000m²
造价：
40€/m²
业主：
La Galleria

罗纳德·布龙
（Ronald Bron）
荷兰

设计公司：
HOSPER风景园林和城市设计事务所
地点：
阿姆斯特尔芬（Amstelveen），荷兰
设计时间：
2009年
建设时间：
2012年
面积：
6000m^2
造价：
77€/m^2
业主：
B.van Haastere B.V. te Monnickendam

T68 埃斯波利亚花园

Garden In Espolla

阿莉西亚·奥尔蒂斯
（Alicia Ortiz）
西班牙

设计公司：
Agence b+p
地点：
菲格拉斯（Figueras），赫特纳，西班牙
设计时间：
2011年
建设时间：
2011年
面积：
70m²
造价：
1200€/m²
业主：
Norris construcciones

安东内洛·皮奇里洛
（ Antonello Piccirillo ）
意大利

设计公司：
1AX Architetti Associati
地点：
雷焦艾米利亚（ Reggio Emilia ），意大利
设计时间：
2011年
建设时间：
2013年
面积：
170m²
造价：
4.20€/m²
业主：
雷焦艾米利亚市议会

T70

"多彩生活"

"LiveColour Colourinhabiting"

马里亚·孔特·德莫赖斯·费尔南德斯
（Maria Conte de Morais Fernandes）
葡萄牙

设计公司：
ViverCor

地点：
新蒙特莫尔（Montemor-o-Novo），阿连特茹（Alentejo），圣克里斯托弗（são Cristóvão），葡萄牙

设计时间：
2011～2012年

建设时间：
2012年

面积：
19个外立面

造价：
1500€

T71 德赫萨·博亚尔公园

Dehesa Boyal park

伊莎贝尔·迪亚斯
（Isabel Díaz）
胡连·法哈多
（Julien Fajardo）
西班牙

设计公司：
Isabel Díaz,Julien Fajardo Arquitectos
地点：
科尔多瓦（Córdoba），西班牙
设计时间：
2011年
建设时间：
2011年
面积：
52000m²
造价：
1.15€/m²
业主：
Alúa Turismo Activo

马尔塔·约万维奇
（Marta Jovanovic）
尼古拉·巴特里切维奇
（Nikola Batrievic）
塞尔维亚

地点：
贝尔格莱德（Belgrade），塞尔维亚

T73 埃斯比约海滩步道

EsbjergBeach Promenade

索菲耶·威廉斯
（Sofie Willems）
纳萨·罗密欧
（Nathan Romeo）
霍安·克恩·尼尔森
（Joan Raun Nielsen）
斯泰恩·克里斯琴森
（Stine Christiansen）
基拉·斯诺曼
（Kira Snowman）
丹麦

设计公司：
Spektrum Arkitekter
地点：
埃斯比约（Esbjerg），
耶廷（Hjerting），丹麦
设计时间：
2006年
建设时间：
2011年
面积：
150000m²
业主：
埃斯比约市议会

马丁纳·博塞尔
（Martina Voser）
瑞士

设计公司：
vi.vo.architektur.landschaft gmbh
地点：
苏黎世，瑞士
设计时间：
2012年
建设时间：
2012年
面积：
13600m²
造价：
180€/m²
业主：
GGZ, Walo

朱利安·邦德
（Julian Bonder）
美国

地点：
卢瓦尔河地区（Pays de la Loire），法国
设计时间：
2010年
建设时间：
2012年
面积：
8500m²
业主：
总包：DLE Ouest,Nicholas Boterf
玻璃墙：Polar,Torino,Paolo Cherasco
室内装饰：Atelier Barrois, Brioude,
Emmanuel Barrois
照明：Citelum,Nantes
景观：ISIS Espaces Vertes

弗兰切斯卡·巴利亚尼
（Francesca Bagliani）
多梅尼科·巴利亚尼
（Domenico Bagliani）
意大利

地点：
库内奥（Cuneo），意大利
设计时间：
2008年
建设时间：
2010年
面积：
120m²

T77 阿班多尔巴拿区总体规划

Abandoibarra Master Plan

黛安娜·巴尔莫里
（Diana Balmori）
美国

地点：
毕尔巴鄂（BiLbao），西班牙
设计时间：
1996年
建设时间：
2011年
面积：
3237m²

T78 泰莱格拉夫大街的自动扶梯

Escalator in Telegraf Street

霍尔迪·贝尔蒙特
（Jordi Bellmunt）
西班牙

设计公司：
Bellmunt Arquitectes
地点：
巴塞罗那，西班牙
设计时间：
2009年
建设时间：
2011年
面积：
4756m^2
造价：
613€/m^2
业主：
Construcciones Sanchez Dominguez
Sando S.A.

马西亚·卡恩·罗维拉尔塔周边景观

Urbanization project for the surroudings of masia
Can Roviralta

阿兰特·莫吉利尼基
Arantxa Mogilnicki
西班牙

地点：
巴塞罗那，西班牙

设计时间：
2010年

建设时间：
2011年

面积：
900m²

造价：
230€/m²

业主：
Teyco

罗德戢·德尔波索
（Rodrigo del Pozo ）
曼努埃尔·雷文托斯
（Manuel Reventós ）
霍安·路易斯·贝略德
（Juan Luís Bellod ）
西班牙

地点：
费雷列斯（Ferreries），
梅诺卡（Menorca），西班牙
设计时间：
2010年
建设时间：
2012年
面积：
145906m²
造价：
70.72€/m²
业主：
Ute Ferreries Ferrovial-Illes Balears
Concesiones y contratas

T81 托纳福尔特村庄入口景观

Urbanization project for Tornafort's village entrance

马里亚·高拉（Maria Goula）
埃丝特·圣玛丽亚（Esther Santamaría）
西班牙

地点：
托纳福尔特（Tornafort），帕利亚斯（Pallars），索维拉（Sobirà），西班牙
设计时间：
2008年
建设时间：
2011年
面积：
2.285m²
造价：
12954€/m²
业主：
EMD de Tornafort Pallars Sobirã

埃曼努埃尔·西特博
（Emmanuel Sitbo）
塞尔玛·费里亚尼
（Selma Feriani）
法国

设计公司：
Sitbon Architectes
地点：
法瓦拉（Favara），阿格里真托（Agrigento），
意大利
设计时间：
2012年
建设时间：
2012年
面积：
31m²
业主：
FARM文化公园

安东内洛·桑纳
（Antonello Sanna）
卡洛·艾梅里奇
（Carlo Aymerich）
斯特凡诺·阿西利
（Stefano Asili）
乔治·佩金
（Giorgio Peghin）
意大利

设计公司：
卡利亚里大学建筑学院
地点：
卡尔博尼亚（Carbonia），
撒丁岛（Sardinia），意大利
设计时间：
2001年
建设时间：
2011年
面积：
花园城市的公共空间37.5 hm²；Great Serbariu Mine 内外超过25.2 hm²；建筑体量以及考古挖掘超过125000 m³
造价：
6000999€
业主：
卡尔博尼亚市议会

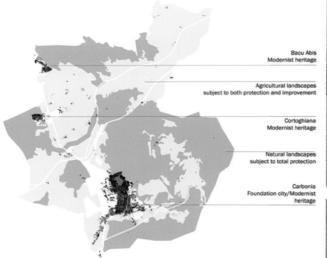

Bacu Abis
Modernist heritage

Agricultural landscapes
subject to both protection and improvement

Cortoghiana
Modernist heritage

Natural landscapes
subject to total protection

Carbonia
Foundation city/Modernist heritage

T84　奇妙的机器

Wonderful machine

卡萝拉·安东
（Carola Antón ）
多米尼克·金吉
（Dominique Ghiggi ）
瑞士

设计公司：
Antón & Ghiggi landschaft architektur
地点：
洛桑，瑞士
设计时间：
2009年

T85 乡村庄园景观项目

Landscape project of a rural estate

弗兰切塞·纳韦斯
（Francese Navés）
哈维尔·埃雷拉
（Xavier Herrera）
多梅内克·略尔卡
（Doménec Llorca）
西班牙

设计公司：
Estudi de Paisatge
地点：
贝佳斯（Begues），西班牙
设计时间：
2011~2012年
建设时间：
进行中
面积：
8000m²
业主：
私人

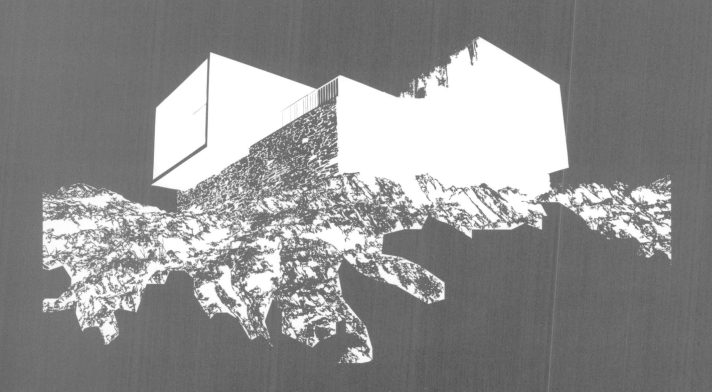

获奖

罗莎 · 芭芭奖第一名

W1

十字架海角自然公园地中海俱乐部区域景观修复

Restoration project of Tudela-Culip spot in Cap de Creus natural park

马丁·弗兰克
（Martí Franch）
托恩·阿德沃尔
（Ton Ardévol）
西班牙

winner /
guanyador

设计公司：
EMF Arquitectura del Paisatge

地点：
地中海俱乐部Tudela-Culip,十字架海角，
赫罗纳，西班牙

设计时间：
2005年

建设时间：
2010年

面积：
900000m²

造价：
3.5€/m²

业主：
Tragsa，Control Demeter，
Massachs，Jardineria Sant Narcis

摄影：
帕乌·阿德沃尔（Pau Ardévol），埃斯特
韦·博施（Esteve Bosch），霍安·路易
斯·坎波伊（Juan Luis Campoy）

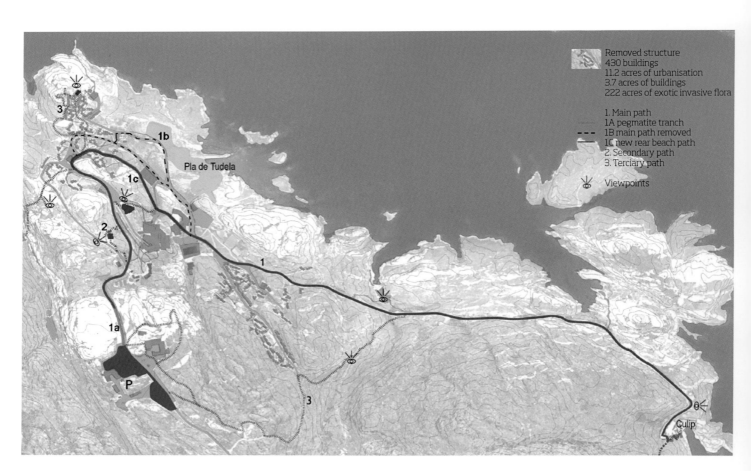

Removed structure
430 buildings
11.2 acres of urbanisation
3.7 acres of buildings
222 acres of exotic invasive flora

1. Main path
1A pegmatite tranch
1B main path removed
1C new rear beach path
2. Secondary path
3. Terciary path

Viewpoints

Pla de Tudela

Culip

项目说明

　　这是一个景观驱动下的自然修复项目。它将拆除顺序、纯粹严格的栖息地恢复，转变成为一种创造性的景观修复。设计通过必要的、较低费用的干预，巧妙地将拆与建进行解构，重现场所独特的自然与文化。通过一种创新方式激活自然中的文化，引导现场游客进行叙事般的体验，并引发参观者对拆除行为进行思考，探讨在促进一个事物发展的过程中，除了不断地添加某种物质，拆除或去除一些元素是否也能达到积极的效果。

项目描述
前言

　　1961年，地中海俱乐部在伊比利亚半岛的东端建设，这里位于西班牙最北部国界的海角上，风力强劲。该俱乐部是一个拥有400间客房、在夏季可容纳约900位游客的私人度假村，这里的生活简单原始，意图培养起人与自然的关系。然而这个居住项目被看作是地中海海岸最有名的现代主义运动案例之一。

　　随着民主和生态保护意识的觉醒，1998年十字架海角区域被选定为自然公园。

　　包括地中海俱乐部及周边环境在内的整个海角区域，因其突出的地质和植物学价值，被划为最高级别的保护区。

　　2003年夏天，地中海俱乐部被永久关闭；2005年，其200公顷的土地产权由西班牙环境部收购；2005～2007年期间，修复工程开始进行。

　　2009～2010年，地中海俱乐部被"拆除"，其生态动态开始恢复，同时为了使人们能够重新认识这一区域，启动了一个创新性的公共景观项目。总体看来，这项工程成为地中海海岸历史上最大的拆除与恢复项目。

任务和目的：从自然恢复到景观修复

　　《自然公园管理计划》第2.9条规定："对这一地区所有构筑物、建筑和设施进行总体解构和全面清除，并对受影响的土地进行生态恢复，包括恢复那些由于环境改变而带来的物种和群落特征。"

　　目标是将一个"直接"、严格的恢复过程转化为一种通过"景观"来记述的项目，以纪念这一过程。这个目标意味着要寻找一种途径来接纳日益增长的游客压力——来自附近灯塔海角的游客每年可达25万人次，同时探索新的方式引导现场游客，使游客能够分散到多层次的景观中。

设计方法

该项目揭示了风景园林所关乎的一个重要方面，也就是辨识、揭示并最终改造场地以适应其原有景观。揭示并赞美景观的"真实"与独特之处。

"抽象派尝试着将独特性中和以及建立人工作品的普遍性，而现实主义者与历史息息相关，通过重复、反思或批判赋予（元素或结构）真实的氛围。"

——伊恩·麦克杜格尔

实际上，该项目的目标并不在于是否营造景观，而在于设法让游客体验景观的环境。要做到这一点，需要深入现场的勘查以及精确的现场制图。设计师们在历时5年的过程中，其中有14个月现场徒步超过200km，拍摄并研究了15000多张图片，并且获得了50位与自然恢复有关的不同领域的专家的帮助，都用于寻找优化解构、自然动态修复以及达到社会效益的途径。整个过程近似于开放的，可以将拆解过程中的发现灵活地进行整合。例如入口处增强"伟晶岩"露出地面部分的解决方案就是在工作中与建筑工人一起发现并协商的。

施工过程建设性地采用了一种极简主义的做法，减少场地使用的材料种类而更多地采用耐候钢，因为这种钢与景观能很好融合，且耐海水腐蚀，同时在场地内只重复使用少量连续的建造细节。保持景观的"稳健性"需要融入少量的具象元素。

行动方案与总体规划

这种开放的过程方法加上整合手段，更像是一个行动方案而不是总体规划，将广泛的恢复干预与不同尺度下的细节解决方案结合起来。因此，项目包含5项干预措施：

• **清理外来入侵植物（IEF）**，主要是90hm²地表范围内的莫邪菊（Carpobrotus edulis）和勋章菊（Gazania rigens），以及其他16种植物种类。最初，俱乐部种植这些入侵植物是为了通过园艺的美化取代受保护的海岩原生植物群落。这些入侵植物将被清除并收集起来就地晒干，而那些邻近主干道的则被埋在垃圾填埋场内。

• **对430栋建筑进行选择性拆除**，相当于以创新性的和谦恭的方式使用拆解技术，对约1.2hm²的大型建筑和6hm²的小城镇进行拆除。一份特定的"约束性"文件规定了地中海俱乐部需被移除的25种结构：铺装、建筑物、道路和各种形式的木构架等。在这之前，进行了5组拆除测试来验证这一提案、制订标准和预算。拆除工程的最后，是结合"考古学"的标准，使用混合技术，最终去除建筑地基、粉尘和水泥留下的所有痕迹。

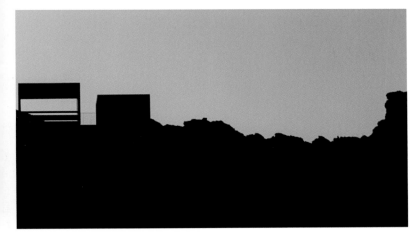

DECONSTRUCTION AND WASTE MANAGEMENTS PROCESS

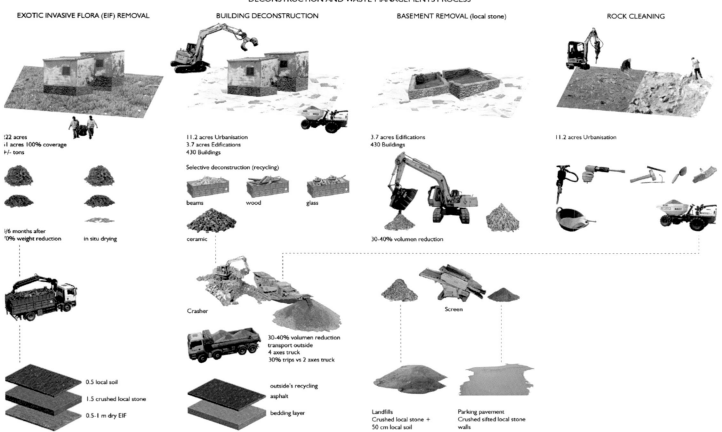

EXOTIC INVASIVE FLORA (EIF) REMOVAL

222 acres
51 acres 100% coverage
+/- tons

6 months after
70% weight reduction   in situ drying

0.5 local soil
1.5 crushed local stone
0.5-1 m dry EIF

BUILDING DECONSTRUCTION

11.2 acres Urbanisation
3.7 acres Edifications
430 Buildings

Selective deconstruction (recycling)

beams   wood   glass

ceramic

Crasher

30-40% volumen reduction
transport outside
4 axes truck
30% trips vs 2 axes truck

outside's recycling
asphalt
bedding layer

BASEMENT REMOVAL (local stone)

3.7 acres Edifications
430 Buildings

30-40% volumen reduction

Screen

Landfills   Parking pavement
Crushed local stone +   Crushed sifted local stone
50 cm local soil   walls

ROCK CLEANING

11.2 acres Urbanisation

·对45 000m³的建筑垃圾进行100%的管理和回收，项目区域内屋顶和墙体被拆除粉碎并运出自然公园，作为垫层进行回收利用；使用当地石材建造的基础，粉碎后就地填埋和作路面铺设。玻璃、金属和预制混凝土梁被堆放在指定的填埋场。

·生态系统动态激活，通过重塑原来的场地地形以及重建海陆间的地表径流和泥沙交换激活生态系统的活力。这包括大量的地形塑造来重现原有的溪流、拆除切断自然径流的路堤、恢复海滩的原始截面或增大桥梁跨度以便沉积物输送。超过9 000m³的当地建筑基础碎石被现场再利用，重新创造出各种体量的构筑物或"重新创作"成入口处的停车场，与裸露岩石景观相衬。

遵从植物学家的建议，为了不污染本土种子库，植被恢复方面不进行种植。在收集场地内种子后，对堤坝的关键位置进行喷播种植以加强其稳定性。在完成后的一年内，乡土一年生植物的覆盖率几乎达到了100%。

·探索性和社会效益——游客的游览规划。富有内涵又充满创意的公共项目。在这里，游客体验设计与景观修复同样重要。在这层意义上，本项目是基于科学家、艺术家、渔民、儿童对景观的阐述和说明来进行的。这种寓教于乐的解说方式包含了3个主要干预措施来赋予场地纪念性：

①分等级的道路系统能减少和利用现有的道路基础设施，并促进交通流线。该系统被看作是从自然层面和人文层面对场地进行的探索。

- 主干道（1.2英里，约1.93km）构建了场地发现之旅，它利用原来的主干道，在减少其宽度后用沥青铺设。为了突出某些场地，根据它所穿越的景观状况，主干道路面采用不同的材质和断面，例如在岩石环境中、主要建筑前以及标志性景观处都会发生改变。在沙滩上，重修了一条250m长的道路以让沙滩的面积尽可能扩大。而在此之前，原有道路系统面积占据了沙滩面积的1/4之多。二级道路主要用一种场地特有的混凝土铺设而成可通往各主要观景点。
- 由低矮分散的栅栏围成的"不定型"三级道路则连接着二级观景点网络和生态脆弱地区。

②观景台系统大部分设置在部分拆除的建筑物上，展示了最佳全景视觉感受。

③"动物象形石"的识别与双重感知。传统渔民曾依据与岩石轮廓外观相似的动物为其命名，以此来为识别方向，达利曾这么做，孩子们也这么做。该项目设置了一个感知游戏，构建了一种可称为"小讲台"的体系，勾勒出了"动物象形石"的轮廓。

在此景观体系中游览，就像置身于一部公路电影中，连续的镜头和静止画面交替展现，映衬出动物象形石的模样，视线凝视于风蚀的岩石褶皱，心随入海的水流，聆听巨浪拍岸的声响。

项目智力资源

该项目受益于50多位来自自然恢复、地质、海洋环境和动力学领域专家的帮助。在此过程中，风景园林师们充当了知识协调者和整合者的角色，通过将概念化的过程促使了不同学科的协同发挥作用。

痕迹和风景

Sara Bartumeus

从第一届莎芭芭奖授予彼得·拉茨（Peter Latz）设计的德国北杜伊斯堡埃姆舍尔公园，到最近的马丁·弗兰克（Marti Franch）设计的西班牙海岸的十字架海角景观修复项目，已经过去了15年，共举办了7届双年展。

这两个项目碰巧在本届双年展前夕被设计者同时呈现，以此庆祝双年展十五周年，这令我想到，它们之间存在着一些有趣的关联。我认为此刻包含着某些特定的情感，来自不同纬度的、不同年代的风景园林师，以一种美好的、彻底的和发人深省的方式恢复一些异乎寻常的景观。

也许这是它们唯一的共同点，因为无论是在原有景观的脆弱性上，还是在人为活动或改造程度上，以及其承载能力或最终使用上，甚至是在项目方向的制定或项目态度的背景上，它们都没有可比性。

然而，我意识到在某些时刻可以暂且不谈以上内容。不是将其对立或者表达一种价值判断，而是建立对话来反思时间和景观，反思层次、痕迹和记忆，反思新与旧、增与减、使用与再生。

这两个都是典型的景观改造项目。拉茨及合伙人事务所设计的北杜伊斯堡公园是被拉茨称为"坏场所"的地方，是一个后工业景观，是一个被钢铁怪物占据的完全变异的、被污染的场所。他说，"坏的场所包括那些我不允许我4岁的孙女玩耍的地方"，但他随即补充到，"但这些地方可能是非常令人兴奋的场所。"尽管如此，这些场所的魅力不仅提倡对审美方式的干预，就像公园中那些地标或者后工业雕塑那样

表达原有事物的可能性，同时，这个项目也重新利用水资源系统、能源和植物；不仅处理土壤和水污染，还揭示和展示复杂的工业结构。景观保留着它的痕迹并被视为活的有机体，它的过去需要被破译、揭示和转换。

与之相反，马丁·弗兰克设计的地中海俱乐部（Tudela-Culip）景观修复项目几乎是来自另一个世界，大胆且出色，脆弱但又令人印象深刻；在神话般的场所里，用达利的话说，这个场所更像是为神而不是为人类创造；但是在19世纪60年代，因为地中海俱乐部公司的旅游开发而遭到玷污和改变。这个海角是半岛上最独一无二的景观，无论是从地质、生物还是风景上而言，但是旅游的干预把这里私有化，仅为少数人服务。因此需要寻求新的模式替代传统的旅游方式，重新建立与自然之间的纽带和"原始"状态。景观修复工程以彻底移除原有旅游设施的方式来补救原来的错误。它抹去了原来的痕迹，构建了一种新的体验来引导场地的参观，赋予节奏，突出壮丽的景观体验。

保留还是拆除：有争议的十字架海角地中海俱乐部景观修复

在20世纪60年代，就有人对十字架海角的地质和风景产生巨大兴趣，在此地建设度假村也存在巨大的争议，Josep Pla和Salvador Dalf他们对这块多风的场地有特别的欣赏和热爱，他们对最终方案的实施产生过影响。画家以风景艺术家的视角，通过速写的方式表明，无论它们是脆弱的还是壮观的大自然，首先应维持它的完整无损。

不可否认的是，尽管最初建筑师Pelayo Martfnez和Jean Weiler并不愿意接受这项任务，他们还是以一种近乎外科手术般的精准性实施了介入，对住宅群和公共服务设施进行平面布置，他们试图利用岩石作为建筑物的基础，从而不会过分伤害"场地的组织和结构"。这有利于后来的拆除工作，也减少了对岩石基体的损害。

因地制宜地成组团布置建筑单体，允许岩石之间的空隙来确保景观中的视觉渗透。建筑师在场地里安置了白色的小型建筑单体，它们"从海上看起来像是一群海鸥"。

建筑师Silvia Musquera[1]教授主张将聚居点作为一个有价值的建筑遗址进行处理，并引用地理学家和社会学家Ivette Barbaza的话支持她的论点，"旅游创造了自己的景观，一种通过人类努力而缓慢形成的最初特质与大海之间的平衡；一种欢腾又神秘，奇特并且忧郁的美感，凄美又有无限吸引力的景观"[2]。在她关于度假村的文章中，Musquera对破败后的地中海俱乐部致以敬意并从景观的视角赞扬了其作为建筑遗产的价值，认为"这里远远超出布拉瓦海岸（Costa Brava）旅游所期望的样子"。对于修复工程，她认为"十字架海角已经恢复了一部分区域用于参观，但同时它也失去那些到达这里的人所想象中的某些东西，地中海俱乐部度假村是历史的一部分，是一种建筑遗址，是19世纪60年代旅游业推动下的布拉瓦海岸景观变化的见证。"建筑师承认这种想象对新的参观者将是不同的，并且将一直受制于她首次了解的事物；"我怀念那些改变了场地形状的建筑，并且，这些建筑物提供了欣赏景观的框景。"

图： 巴塞罗纳风景园林硕士30周年庆典讲座
海报

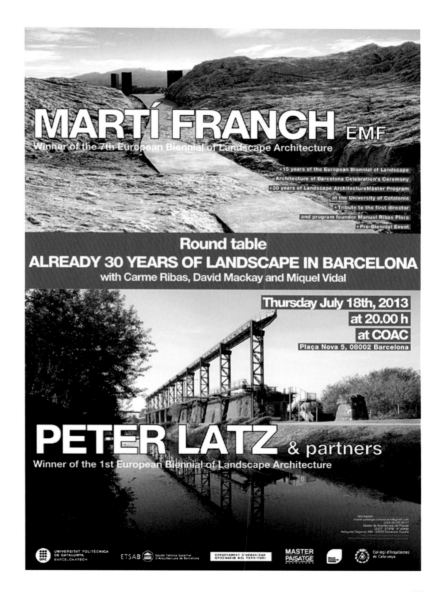

在我们这个时代，清除错误痕迹的极端生态诉求让我们彻底拆除了度假村，忽视了专家认为它是现代主义运动中地中海海岸旅游住宅的最重要的案例之一的声音。今天，阳光与风塑造和勾勒了十字架海角岩石的轮廓与平滑的外表，伴随着新的体量和耐候钢的构筑物，再次成为景观的主角。

重回叙事：十字架海角地中海俱乐部的景观干预

这是一个双重悖论。一方面，除了鼓起勇气接受激进的政治指令、在宣布建设自然公园以助于生态再生的地方拆掉场地原有的建筑之外，别无选择。另一方面，没有达成一个稳定的中间状态，既对较好的人类文明成果的部分保护和再利用，也是一种保存建筑和文化景观的记忆的选择。首先，看一下因为旅游热潮造成的其他令人震惊的例子，看看它们用各种充满瑕疵和庞大的尺寸、颜色和材料，破坏了海岸、沙滩和海角美丽的天际线。毫无疑问，有些应该承受拆除的命运，但遗憾的是，它们并不位于受到充分保护的区域，它们依然保存完好，不受任何政策或法律的制约。难道我们不该质疑这种在自然公园里沿海的建设，即便它是要创建一个世界知名美食的机构，推广美食文化。

同样矛盾的是，十字架海角恢复项目，解释了将"解构"作为拆与建相结合的含义。或许，正是因为项目直面了这些问题，才被美国风景园林学会的专业奖评审团认可其价值，授予了"ASLA 2012荣誉奖"。"一项以创新方式激发自然中的文化新的叙事的构建，提出是否清除和清空与填充和增加一样具有积极的效果的质疑"。"一个本来可能平庸的自然恢复项目通过设计者的态度演变成一个令人惊奇的景观项目，设计者通过拆除和建设的结合，巧妙地理解和编排了场地的解构。"[3]

马丁·弗兰克和托恩·阿德沃尔通过使用类似考古的技术，进行了一场极其细致的解构，先分两个阶段进行拆除，然后再重新描画。他们拆除了定居点，在场地内重新利用碎石铺设了一条新的道路系统，他们清除了大量的外来植物，选择适应风力和该地含盐度的独特群落，通过喷播而非栽种的方式种植。他们实现了首要目标——通过恢复生态的动态性重建土地和海洋间沉积物的交换，并将其返回到最初的状态。

虽然风景园林师没有采用雕塑家削切的造型方式，而是使用考古学家的清理的方法，用一根削尖的铅笔再次勾勒、标注来重新诠释，重写了景观中新的层次。解说性的图腾柱、平台、阳台、游廊是度假村的模糊的记忆，薄而纤细的路径镶嵌着岩石，避免了用沥青或彩色混凝土的铺装形式；它们是引导参观者视线和游线的所有元素，构成了景观体验的场景。这是恰当的实质性的干预，其中耐候钢的使用，因其自身铜色与附近岩石矿脉的融合，以及其细密的粗糙纹理与岩石大尺度的粗糙感的对比，积聚了深度和意义。

正如他解释的，设计师是以受过训练的眼光来看待自然，这种视角是受艺术家启发后带给我们的，反过来，那些艺术家也从景观中受到启发。这种视角构建了整体想象，是作家、画家和电影制作人的视角，是旅游明信片摄影师的视角，这种视角将岩石想象成动物并把它们画下来，这是一个充满孩童想象力的视角。

"这是将艺术融入景观之中。场地中存在重要的文化历史。这个项目是敏感的，只留下了很小的痕迹并放低了姿态。它并没有试图拯救世界，只想成为本来的模样。"——2012专业奖评审团

不是没有美，这种景观干预与大地艺术有着密切的相似性——用风景园林师的话，这种"简约和景致的景观"——已经为我们所熟知。重温一本没有任何期待的书时的愉悦和新鲜感，同时也可能局限于书本里的智慧和新鲜感中，就好像局限于严谨地实地调查以发现场地景观价值，这种疑问导向的视角。被探险者寻求离开困境时的视角所吸引，这场旅程才能够出色地发现不同的地理特征以及他们的兴趣点和视点，从这里人们能看出去并将美景收入眼底，他们告诉我们应该把目光聚焦于何处，是大海还是一块显示了动物特征的岩石。

风景园林师明确说明了"这个项目不是建造或解构一种景观，而是构想了最好的条件来体验景观"。对场地条件是部分保留还是全部拆除，设计师不提前定位，也不加入争议，在这个项目中，它是无法选择的，而是由法律决定的、代表"观众"的一项政治性决策。尽管似乎它并没有考虑最近人的干预的历史，但它作为一种超文本在解说系统或者其他方面得以体现，虽然几乎没有实体的（因为它是抽象的）痕迹。

如果整个建筑场地没有被完全拆除，如果其部分结构能讲出场地的完整历史；如果设计者能够参与到场地拆除程度及场地建筑诠释的决策中；如果除了过程之外，减与增成为景观项目的重要部分，如果他们能同时想到两种方案，那么最终结果是怎样的将是未知的。因为似乎为了再生我们应该尝试解构，然后再能够跟随"慧眼"的方向。[4]

在第一步拆除原有元素和第二步在自然公园中重新编排游线之间，时间在故事中似乎存在着一个转换，正如解构和建构，存在着一个概念上的跨越，一个大胆的跳跃。这个项目就像秋千演员的跳跃，是一项壮举，这个项目清理掉痕迹然后敏捷地超越了原来。

反思：埃姆舍公园

许多人都熟悉北杜伊斯堡项目的起源和IBA埃姆舍公园公司做出的更新努力。埃姆舍公园是20世纪80年代末期实施的项目，目的是缓解因鲁尔地区重工业产业和欧洲最大的煤炭生产和钢铁制造中心的衰退所造成的经济、生态和社会危机。当时IBA在整个地区范围内发起了大约100个不同层次不同区域的概念竞赛和项目，目的是恢复已经失去意义的空间。在所有的倡议中有一项就是1989年发起的杜伊斯堡风景公园概念竞赛，该竞赛使人们重新思考旧高炉和蒂森公司的旧工厂的壮观景观，拉茨及合伙人事务所最终赢得该竞赛。

北杜伊斯堡代表了创新上的一个飞跃，超越了"传统风景公园模式，在这一模式中，人工废墟提醒人们人类工程的短暂，支持将景观的浪漫特质看作一种情感元素"，正如拉茨的学生乌多·维拉赫（Udo Weilacher）在拉茨事务所作品集《景观语法》的文章中[5]所评论的一样。

这篇文章中，作者在罗伯特·史密森（Robert Smithson）首个类似工业艺术的'帕塞伊克（Passaic）纪念碑'和理查德·哈格（Richard Haag）的'煤气厂公园'之间建立了一个序列，后者也是一个在景观中成功地融合了工业元素的项目并且被认为是北杜伊斯堡公园的前体，而杜伊斯堡项目则作为新的范式改变。尽管乌多·维拉赫（Weilacher）尽量保持客观，他解释这两个项目的主要不同是"哈格（Haag）没能够保留所有工业遗迹，大部分场地上的工业痕迹被清除了，致使景观中不同层次的信息难以理解。所有遗留下来的东西是锈蚀且开裂的塔这样一些荒谬纪念品，完全脱离了历史语境。"

煤气厂公园的'废墟'，用维拉赫的话来说，"从美学上讲，外观很迷人，但是就其意义而言，令人费解，公众也难以接近"。按照维拉赫的说法，哈格走出了重要的第一步，虽然作为后工业景观的先锋，不仅在美国没有太多的追随者——相比欧洲而言，美国不缺少发展空间因而没有恢复废弃的工业空间的压力——而且也不代表"可持续的城市和景观重建"思想的进步。然而，随后的鲁尔区项目提供了新的思考深度，超过了简单的空间恢复和工业遗址保护，处理了复杂景观结构的功能转型。

揭露，再利用，以及展示：北杜伊斯堡公园的干预措施

彼得·拉茨的设计方法仍然与他的思想统一，即把景观理解为信息和含义的复杂的层级结构。与"自发的、直觉的设计"不同，这种方法是那些细心的读者搜寻字里行间的含义、信息和时间之间的关系使用的方法，形成结构上的联系，并在项目中予以揭示并表达场地的特质和记忆，使改变后的景观变得清晰可读。

方案竞赛评委会[6]的主席德娜塔·瓦伦丁（Donata Velentien）将奖项颁给了彼得·拉茨和其合伙人事务所，同时在她的说明中强调了这项提案是如何不同于其他那些用传统方式保护工业遗址的提案，比如说纪念碑或"产生美学上的吸引力和好奇"，但是最终还是成了孤立和难以理解的元素。拉茨用"句法设计"——维拉赫所提到的术语，并将那些元素在那种背景下置于复杂的景观中而取得了相反的效果。

尽管这些工业遗存也纪念碑化了，但是除了在作为人类基础设施和利用自然的知识方面具有实物证据上的考古价值外，也构成园区基础设施的一部分，在今天承担了一种新的重要功能。

公园设计中四种系统的元素互相重叠、互相联系：水——运河与沉淀池；轨道系统；其他线性连接元素——桥梁和步道；以及花园和广场等绿色空间。这个框架结构产生了构成公园的多样和独特的空间——由于不同的形状和特点。其结果是，在公园不同的部分——巨型结构围绕的金属广场，用于攀岩的筒仓墙壁，用于潜水的储水罐或者是煤仓中的秘密花园——材料被重新利用，原有的设施和元素被重塑为其他形状和其他用途，创造了一种新的文化景观。这种景观，从最广泛的生态意义而言，自然和技术不是互相竞争的关系，而是一致的。在这里，植物也作为工业结构讲述着同样有秩序的、网状的语言，交织的树和复杂的小花园自由地穿插在场地的体系结构中。

以大地艺术为目标，场地的元素以一种创新的方式重新诠释，也按照一种创新的句法规则表达。正如维拉赫所说，"风景园林师也为认识事物的新方式提供解读和帮助，通过使用景观艺术来解释现有特征"。风景园林师将词汇用不同的方式进行组合，创造了新的短语，也就是，用一种现代的编码，在场地的空间组织中加入其他游戏的或生态的内涵，而没有打算隐藏场地原有的历史。

拉茨在原来的工业景观中挑选了应该予以保留的，主要的信息层，但并非所有元素，在项目中得以重新利用。从这个意义上讲，拉茨是极简主义者的态度，因为通过"文化再生"达到了含义的新层面。他自己将这种再生定义为"不完美的"，因为它并不是将所有东西扔进碎石机里，然后作为路面基础层或者栽培基质的材料重新利用，但是正如拉茨所说的，更多的是承袭这些设施的整体性，并理解他们最初的功能。"我们想要保持它们（遗迹）原来的角色和历史功能，有时赋予这些建筑

构件新的含义以激发对现有材料的新的解读，我认为这从根本上有别于传统的再生方式。"

同时，根据维拉赫的说法，风景园林师的极简主义符合卢修斯·布尔克哈特（Lucius Burckhardt）最小干预的理论，他参照同样的理论，建议"任何设计景观的人必须考虑到他正在创造的意义是否便于被其他人理解，以及是否便于被其他有不同文化背景的人理解。在我们多元化的社会中，一项设计必须具有开放的多重阐释。"[7]

明喻和暗喻：北杜伊斯堡与地中海俱乐部

尽管第一届罗莎芭芭奖授予对"野兽"的驯化与最近一届授予对"美女"的赞美没太多的关系，但两个项目都涉及"壮观的"和"不同寻常的"议题，使景观复兴并且赋予景观以特征。

在这两个项目中的场地都被重新阅读以进行景观再生；项目设计师根据他们所选择的痕迹和线索，重新编排以构建新的景观和生态。两者都为参观者设计了一个新的故事，将这里作为公共空间，在现有景观上增添了一层干预和含义。为了做到这一点，他们效仿了画家和雕塑家的一些手法——在画布上叠加新材料，通过笔触赋予形式和含义，也通过雕刻删减的手法去除多余的材料。

他们恢复那些能进入且易理解的景观，并且，正如他们使之变得更加人性化，他们也使之纪念碑化，从语篇意义和风景意义两方面理解景观的内涵。他们在使用者和景观之间建立不同的联系，一些还是公园中积极的演出者——他们将自己浸入其中，躲藏和攀爬；另外一些是被动的观看者——取决于他们朝向什么——在场地中漫步时从哪里看，怎么看。他们重新建立自然动态和治理被污染的土壤来恢复和重建景观，他们构建了一个新故事，增加了场地的价值，一个是不要忘记它过去的工业转变，另一个是忘记它旅游观光"殖民者"的过去，取代它的是新的"消费者"旅游业，然而，它们都教我们回顾美丽的景象；但二者都不是简单的"美化"，而是毫无瑕疵的创新。

清除，强调，颂扬……整合

在这两种干预措施下，我们发现了建构和解构的结合；在地中海俱乐部项目中，为了在一个空白页上书写新篇章，之前的痕迹和污点都被清理掉，几乎回到了原始但并非完美的景观；而北杜伊斯堡场地恢复策略源于不友好的事物，源于工业建造物及其功能和美学力量。

这两个项目与先前事物重新开始不同的对话，并以不同的方式利用原有的痕迹。在杜伊斯堡公园中，被理解为废墟遗迹的工业历史，通过对比的方式，重新利用和积极整合场地上的物质和美学；在地中海俱乐部项目里，旅游业的痕迹被视为存在不足之处，作为一种痕迹来解读，通过雕刻技巧来提炼和重新诠释；两者从不同的出发点接近大地艺术。虽然他们远离传统公园的浪漫主义，但在某种意义上，它们都表现着叛逆和浪漫：一个表现在对废墟的赞美中，另一个则表现在景观的理想化。

马丁·弗兰克先清除再重新诠释，彼得·拉茨则先重新诠释再维护。重新诠释的顺序是对作品产生影响的因素吗？哪种更激进和更"现代"，哪种是更可持续的，清除后再创造，还是保持遗迹继续创作？

时间，记忆……易读性

我们必须继续思考它们在使用、态度以及对待暂时性定位差异。一方面，在为重新创造而选择特定时间范围时，从项目的起始点和最终的时刻、从何时开始以及何时结束他们的重新创造和解读，对两种景观来说都至关重要。另一方面，时间上的连续或不连续，同步还是历史的，在对痕迹和现存景观的重新解释中，会如何在景观的记忆和易读性方面影响最终的故事？北杜伊斯堡和地中海俱乐部代表了如何使时间层在景观中具有可读性的两种相反方式。

不过，也许某个机会能把他们真正结合在一起的，从它们对足迹和痕迹的独特的重新解释，不论有无联系，明喻或暗喻，他们都能谱写诗意景观。

[1]Musquera, Silvia, Club Med in Cap de Creus 1963-2009…resisting being forgotten. An article in the journal Sol Ixent as well as in the Exposición sobre el poblado, 2004.

[2]Barbaza, Ivette. The human landscape of Costa Brava, volume II, Edicions 62, Barcelona,1988.

[3]ASLA 2012 Honor Award Jury.

[4]The Thinking Eye, presentation by Edward Tufte. April 10,2014, University of Illinois at Urbana-Champaign.

[5]Udo Weilacher Syntax of Landscape

[6]President of the idea competition jury of Duisburg-Nord Landscape Park.

[7]Burckhardt, Lucius: "Der kleinstmögliche Eingriff" (1981) in: Burckhardt, Lucius: Die Kinder fressen ihre Revolution. Wohnen- Planen- Bauen- Grünen. Cologne 1985; p.241 quoted in Syntax of Landscape.

走向国际化的巴塞罗那风景园林双年展
Marina Cervera

....

漫步狂野之路
Alfred Fernández de la Reguera

....

总结与展望

走向国际化的巴塞罗那风景园林双年展

Marina Cervera

第一届欧洲风景园林双年展举办于1999年。这一举措在当时是极具开拓性的并激发了在欧洲创造一个沟通和交流风景园林的场所的热情，使南部国家相信并让巴塞罗那置于聚光灯下。从那时起，这一事件变成了风景园林师和学生们的集合点，也是一种对于欧洲风景园林面向世界的重要传播工具。显然，欧洲风景园林双年展的巩固和发展不可能缺少其组织者们的合作：加泰罗尼亚建筑协会、加泰罗尼亚理工大学和风景园林硕士课程以及执行委员会、团队和热心朋友们的志愿工作。现在双年展在各个意义上来说都是文化推广的代名词：一个通过罗莎芭芭欧洲景观奖参与者的优秀项目实践进行理论反思和互相专业讨论的研讨会。但最重要的是，双年展是伞形组织，项目的推动者也一起参与会议：进行专业展览和学生作品展，出版作品集，参观市中心新项目或者临时性项目……

罗莎芭芭景观奖对举办双年展十分关键，因为它的参与者中，尤其是最终入围项目的设计师将在会议现场演讲，还有之后大量的宣传展示。罗莎芭芭奖的开创是为了评出四年时间内在欧洲的最佳景观项目，并让人们记住这位伟大女性对于双年展的启示，2012年举办了第七届。每一次我们都收到来自欧洲大陆约500份投稿，然后由知名的欧洲建筑师和风景园林师组成的国际评委会进行评选。得奖和入围的项目都让人发现这一学科的新人才，并认识到当代风景园林最佳实践的价值。前几届的获奖项目可以说明这一点：彼得·拉茨的"杜伊斯堡公园"，

Isabel Bennasar的"Riera Canyadó"，凯瑟琳·摩斯巴赫（Catherine Mosbach）的"波尔多植物园"，保罗·布奇（Paolo Bürgi）的"反思山"（Reconsidering the Mountain），RCR的"Pedra Tosca Park"，Paysase的"Harnes Lagooing"，Kristine Jensen Nicolai的"教育建筑群公共空间改造"，Ganit Mayslits Kassif和Udi Kassif Architects的"特拉维夫港口公共空间更新"以及马丁·弗兰克和托恩·阿德沃尔（Ton Ardévol）的"十字架海角自然公园的地中海俱乐部景观修复"。

此外，经过15年的罗莎芭芭奖后，我们可以得出结论：这一项目的更大价值是认识到了风景园林在世界范围内的重要趋势和日益上升的行业水平。显然，时间提供了了解欧洲行业最新进展的全景视野，重要的是，通过了解罗莎芭芭奖的入围作品，或者它每一节所入选作品集的项目，似乎说明了我们行业发展和趋势。因此，回顾之前几届的作品集是可取的，因为它本身就是对于我们过去和自身经验的批判性了解。

年复一年，每一届双年展闭幕之后，我们努力收集整理最好的项目和讲座并将它们收录编撰成专辑。这些双年展专辑是欧洲风景园林项目的参考书。这些专辑也包含理论板块，最重要的文章加上其他的解释性的或者有趣的事件，共同形成了每一届双年展的主题。然而，大多数专辑都是我们行业在欧洲发展的精确指示器。自从第一届开始，所有入选项目都分为20种类别，从大都市公园到私人花园、滨河景观、城市项目、规划或

者基础设施等。如果我们总结这些年行业的发展，我们可以通过一个图表描述其特点，在这个表中，每一届所选择的项目被归纳到合适的分类中以大致得出一些结论。风景园林行业的过去15年已经弥补了差距，从第一届Remaking Landscape的入围项目中多样的、分散的和实验性的干预，发展到第七届Biennial Versus Biennial中标准化、同质化和统一的处理方式。综观图表的入选项目和20个类别，可以让我们理解这个过程中的入选项目分类的情况。

风景园林行业的成熟逐步得到欧洲范围内的广泛认可，这本身同时也有助于形成行业标准。好消息是，除了与风景园林相关的经典项目之外，比如城市公园、公司或特定场所的花园、公墓、河岸、海滨散步道和海岸线，似乎都存在于对当代行业的印象中，社会对于一些风景园林干预类型给予认可：如基础设施或自然保护区相关的干预措施。让我从这些类别中举一个基础设施的例子。在主题为"改造景观"（Remaking landscapes）的第一届双年展中，总共选出8个相关的项目。一方面，有2个机场基础设施转化为风景公园的大型项目：由北纬工作室（Latitude Nord）设计的慕尼黑里姆景观公园和Buro Kiefer设计的约翰尼斯塔尔安德尔斯霍夫机场（Johannisthal-Adlershof）。这两个干预措施回收了废弃的商用和军用机场的场所用于社会公共用途——慕尼黑里姆的大面积公园种植以及阿德勒斯霍夫的公园与居住的混合开发。

图1：入选项目统计Marina Cervera, Francesca Zinchiri 提供。

目录	b1 重塑景观 1999	b2 武装的花园 2001	b3 与自然共存 2003	b4 产品与生产 2006	b5 暴雨和压力 2008	b6 流动的景观 2010	b7 双年展VS双年展 2012	t 全部
休息空间和设施	13	16	20	23	19	2	16	109
开放空间和设施	0	9	16	7	8	11	18	69
墓园	5	3	1	7	1	1	5	23
滨水区	9	7	2	2	15	10	16	61
沿海区	5	4	3	0	2	5	6	25
基础设施	24	9	12	12	10	14	13	94
自然环境干预	0	2	1	16	10	40	23	92
采石场干预	5	0	2	0	0	0	0	7
城市干预措施	10	6	3	10	26	37	55	147
企业花园	26	30	15	20	52	33	27	203
工厂的花园和空间	14	12	16	10	19	7	15	93
国土规划	13	9	2	9	5	8	27	73
工业园区	3	3	3	0	0	0	0	9
滨海步行区	7	4	3	4	9	7	4	38
自然保护区和旅行路线	9	2	7	2	12	5	6	43
非城市公园	8	7	12	2	20	12	9	70
城市公园	27	20	27	38	27	37	43	219
大都会公园	11	5	13	4	0	0	0	33
广场	16	21	16	35	24	36	35	183
城市项目	8	14	16	16	5	8	16	83

另一方面，4个关于道路基础设施的干预项目。从Henk Volkers和Vlake Bridges在荷兰的艺术道路、Steen A.B. Hoyer在丹麦的地形和灯光雕塑，再到伯纳德·拉苏斯（Bernard Lassus）A-85高速公路的法国折中版或位于Valence II的Jean-Jaques Borgeaud高速公路基础设施。最后两个项目是铁路基础设施，它们直接将老铁路重新转换成新公园结构的一部分。这方面的案例都是德国的，Südgelände自然公园和第一届罗莎芭芭景观奖的获奖项目——杜伊斯堡公园。

从1999年的第一届开始，此类项目的多样性和数量就一直在萎缩，在过去两届的双年展——2010年的"流动的景观"和2012年的"双年展VS双年展"——的入选项目中，我们仅可以看到3个基础设施项目。即使数量被考虑为经济危机对行业影响的指标，我们仍可以看出相关的基础设施项目的普遍缩减。我们可以将其定义为多样性的减少，较少的试验性、艺术性和跨学科交叉。然而，这三个代表项目十分优秀，其质量仍无可争议。

第一个是Manuel Ribas Piera团队做的Sa Falca Verda 设计（一期），他们在Palma de Mallorca处理了桥梁和高速公路之间的模糊地段，将其转变为城市公园。

第二个项目是由Joao Gomes da Silva设计的Bethlehem Casi do Sidre的自行车道，创造了里斯本城市与海的新的联系。最后一个是由Joao Ferreira Nunes设计的Etar de Alcantara污水处理站。这个项目被国际评委会选为上一届双年展的入围项目，它处理了基础设施枢纽的复杂性及对周围里斯本传统农业景观的破坏性影响。该项目包含一种景观覆盖的改造方法，通过在沿着立交桥建造一种策略性的水处理站的绿色屋顶来实现。

随着时间变化，与基础设施相关的项目数量以及解决方式多样性的逐渐减少，而从当代景观项目的其他类型中也可得出类似的结论。某种标准化的处理方式已经巩固了这一学科对社会的主要贡献。

另外，从对与基础设施相关的项目分析中可以提炼出另一个趋势，即一种通过基础设施的再利用来改善提升景观。除了已经列举的项目，从第二届到第六届，也有很多基础设施相关的干预措施。一些比如城市环路重新转化成了线形公园。

这包括第五届罗莎芭芭奖入围项目Ribas和Racetllat设计的巴塞罗那Garcia Faria大道，Marius Quintana 在Ronda de Dalt或者由Arriola & Fiol设计的the Gran Via de les Corts Catalanes的类似干预措施。

其他的实现了道路的再利用案例有：以色列贝特辛国家公园（Beit Shean National Park）耶尔莫里亚路（Yael Moria）的重新诠释，Franco Tagliabue Volontè & Ida Origgi（IF DESIGN）提议在意大利伦巴第的Sormano修建围墙，将陡峭的道路转化成供体育活动和休闲的自行车车道。

景观再生理念自从双年展开始就已经呈现出来，第一届的主题是再造景观（Remaking landscapes）。再造景观意味着改造，引导人们对已存在的事物进行创造。它是一种刻意的行为，去重新使用、重新塑造、重新思考我们的土地和我们对待它们的方式。

同样的，对这7届所入选项目的更广泛概览证实了"隐藏在"主题背后以及从基础设施类型项目中觉察到的趋势。其他干预类型中的多种多样项目也从不同方面体现了再利用的想法。

只要回顾一下七届以来所有的获奖者，就可察觉到对于废弃建成环境的当代关注的重要

性。如果我们"再仔细想想"前文已经提及的这些优胜者，就可发现它们不仅仅是行业领域内的最佳实践，而且在注重再利用的态度方面也堪称典范，因此他们的作品都是出类拔萃的：在一个国际双年展（IBA）项目中，彼得·拉茨设计的"杜伊斯堡公园"就面临着这样的一个挑战，要将一个老工业区（一个于1985年被遗弃的煤炭钢铁生产工厂，给这个地区带来了严重的污染）改造成一个文化景观公园，并给这个地区重新带来生机。

Isabel Bennasar设计的"Riera Canyado"重新利用了Canyado河干涸的河床创造了一个"解构的"滨河景观形成一个带状公园。Paysage设计的"Harnes Lasooing"面临的挑战是在法国北部设计一种完全重塑的景观，把水处理设计成一种生态再生和重塑景观的社会再利用的过程。克里斯汀·詹森·尼古拉（Kristine Jensen Nicolai）设计的"教育综合体公共空间重组项目（Educational complex public space rearrangement）"对城市空间进行了改造，使得一个停车场转变成了一个有品质的文化公共空间。"特拉维夫港口公共空间再生（Tel Aviv Port Public Space Regeneration）" 由Mayslits Kassif所设计，重新恢复了过去商业化港口区域的活力，使得城市面向大海，成为邂逅的平台。

欧洲双年展优胜者的九人中有五人都将遗弃的场所进行改造，使其能被再利用，这也定义了我们这个古老大陆上当代主题的一部分。因此，对于这门学科而言，从过去的15年到现在，"再利用"一直是这个学科一个至关重要的领域，无论涉及的主题是城市、基础设施、海岸、城市还是工业。

这种态度就是将建成环境转变成开放空间，使其具有适应性和灵活性，以此来满足的社会使用和需求。

欧洲风景园林双年展在第七届期间已经被看成欧洲一个统一的结构。因此，罗莎芭芭景观奖极大地代表了专业最佳实践发展。然而，未来的策略也预示了不断前进的全球化趋势，正如最后一次研讨会宣言中所宣读的一样。为了未来的发展，今年我们必须关注在全球范围内的大学、职业院校和专业机构中建立起联系、互动和发展。

风景园林在面对当前世界范围内的危机时所能起到的作用，是这次研讨会期间必须要给出的答案，同时罗莎芭芭奖也将在世界范围内向更多的实际项目开放。所以关注范围的变化将促使我们发现新的趋势和国际发展、新的挑战和新的视角。我们相信我们已经建立了非常有价值的、高度认可的和独特的举措；双年展不仅仅是一个项目，也是一个用来交流的平台。现在是时候使欧洲的专业实践走向世界了，展示它的魅力，与世界分享。

漫步狂野之路 [1]

Alfred Fernández de la Reguera

在历史上的某个时刻，所有自然和人工环境上的重大变化，成为景观的起源。这是反复、矛盾的过程，它们回应了一种相互依赖，这是具有创造性的模式，设计者对项目的态度，也定义了景观干预的理念。此刻，在环境影响面前和城市持续和无限的聚集情况下，由于他们意识到社会的期待和自我的良知，风景园林设计师确实企图提供有效的回应。

现代主义运动形成了当代艺术的基础，但是风景园林却不是这种情形。它需要一个文化结构来重新审定风景园林的深度和多样性，那些充满异国文化的回答和建议，有时候是合适的，有时候又是荒谬的，有时候还需要抵御一些不自知的、缺乏亮点的、低质量的项目。可以说景观项目存在于风景园林之中，或者也来自于景观。

自然环境和建造媒介互相脱离是一种衰落的征兆，这里有一种精神损耗，它导致了文化的木乃伊化。我们不应该认为恢复文化或者复原人们的热情会是很容易的事情，Cioran [2] 警告过我们，文化是一种色调。

还有一种猜测，Henry David Thoreau 曾经充满感叹，当我们看到一个森林里1500m范围的变化，但却缺乏任何精神意义。所以，请还给我们真实的大海、沙漠或者原始的广阔的精神。

花儿哪里去了？[3]

在变革来临之前，Horace Walpole [4] 也许谈过一些快要遗忘的话语，关于什么

是风景园林的现代概念？它的定义是含蓄的、值得商议的、整合性的信息，是自然的和赞美的：我们已经完成了完美和精彩的景观内容；我们也已经在世界范围内发展了真实的花园模式；很多国家和地区相互渗透，模仿不同的风格，但同时捍卫了原始而高尚的、天真的绿地，其他艺术不具备如此的骄傲，它充满自然的粗糙，不仅仅是复制真实的感触。

自然和城市的关系在这时是非常丰富的。首先，特有的自然反射在建筑空间里，比如在尼罗河流域文明里，那些来自于金字塔的几何式样或者那些柱式空间，神庙里像石头森林般壮丽的石块；还有巴比伦的空中花园，近乎天才所创造出的适应地形的神庙和剧场的建造方式；罗马建筑像天穹一般的穹顶，到充满神秘感的罗马式的拱顶；哥特建筑在剖面上的延展；文艺复兴时期的自然观念和科学的观点；巴洛克式的花纹以及现代主义中的波浪状的采石场建筑（米拉公寓）；柯布西耶的现代主义等诸多例子。

有可能城市的可持续性，城市可知的智慧，应用新的语言，接受新奇的事物来维持传统性 [5]。类似的语言可以扩展景观项目，清晰地定义什么是本质的（或者恢复景观根源），了解传统并不是继承，而是另一种征服。这会是另一种风格吗？

21世纪拥有更多的都市，但环境政策履行困难，这种不利的背景下需要团结和信心，联合国悲观的报道是非常可以理解

的，诗人ALfred de Mussetde 曾经认为，事实上，根本不需要考虑任何人或者任何事物，相反只是看成一种很舒适地被压迫而已。也或者，理解灾难和灾祸意味着一种有益的教训，体现一种公平性。

那么怎么来面对风景园林设计师的劳动，不仅仅是实用的，而且是必须的呢？

James Lovelock [6] 在巴塞罗那给我们展示了对于社会环境问题方面的忧虑。虽然这是充满乐观态度的一次会议，对未来高度期待，他特别强调：如果人类最根本的挑战是如何生存，那么真正重要的是我们如何共同生存！

消逝的文化

今日之设计师，随时间流逝，累积经验，力量也逐渐强大，但是他们不得不屈服于经济和价值危机，同时也导致了景观的价值缺失。（Vicente Verdu）曾经写道：现实的政治并不对任何事情抱有期待。为什么不捕捉一丝希望的火花？这有可能引起一种新的历史文化的燃烧。它可以很快区别于来自物质的丰富的满足感，虽然生命在屈服和忍耐中逐渐退却、死去。这是另一种文化的诞生，不过，你依然需要对它进行培育 [7]。

另一种文化，一种新的文化形式，城市规划学者Paul Virilio [8] 的论述中，考虑到消逝的概念，这种消逝遵从空间的去物质化，作为真实显现的结果。它批判的起点是瞬时性的（即时的）；对于每一个

不同的村落和城市而言，瞬时时间在地方时间上都是完全不同的。超导理论就建立在一种独有的世界时间，也许因为它是统一政治强度的思想。社会学家Zygmunt Bauman，他认为工具的能力就是速度：速度，不是持续性，它导致我们似乎被诸多事物关注，但却不真实[9]。短暂的内容陷入了一种忧虑。

Virilio的观点，忧虑构成了物理特征，或者物质性的修复需求。应该重新编辑景观的剧本，编排生态环境的诗意形式这种思考线索类似于柏拉图式语句，是自然的，更是一首令人着迷的诗。

全球化的命运带来了更多关于气候不可逆转的威胁，因此，风景园林概念需要直觉感知消逝的形式，从逃离转向正视，共同分享文明的形态，向社会行为妥协，这样我们幸存的空间才不会遭受剧烈的城市化；从修复到自然化，需要超越纯粹的美学图像。

也许你接受生物本能性。我们承认物质的重复是无效的。从人工到自然的风景园林项目规划，一种合理和适度性的混合不仅仅是有争论的提议。它们难道不可能共存吗？还是真的不可能，就像一块弯曲的木头，你需要弄直它又不得不从反面弯曲它[10]。

另一种文化，起源于早期文明的传说和传奇，从黄金时期，到青铜时期和古希腊时期，当神和英雄们分离宇宙的混沌和秩序后，自然是神圣的几何，在树林庇护下诞生

了博物馆和学院，这是创造，景观就诞生在泉水轻盈的喷涌声种舒缓的风声中。

还可以回到一些特有的历史废墟里，书本一样的岩石上记载了粗糙的词语，棕树的树林、橘树和爱神木等与荆棘枝和栎树冠绑扎成为我们人类的小茅屋；花朵誉为人类的泪水；柏木的棺椁是人类生命最后一个秘密之处；还有繁星，黎明之时盛放的花园；破晓时分阳光的吞吐[11]。

解决未来的重要问题，道德和物质的原则就像镜子的内外。我想谈论自然的帮助，关于自由，是绝对原始的，虽然还有对抗自由和公民纯粹文化生活的存在，当然人类只是地球上的居民，或者也是大自然整合的一部分，另外更多的时候他们还是社会的成员。[12]

危机就是自由火焰[13]

危机将会是自由火焰，是多样化的条件结合的结果；是政治的，社会的，经济的，也是艺术的。本届的罗莎芭芭奖项授予了一种消逝景观；Tudela景观，它是一种景观向另一种景观的溶解，产生另一种稳定的整合结果。它依然是充满希望的。

当然，国际竞赛的获奖项目，巴塞罗那的Glories广场，城市顶棚（Canòpia Urbana），可能是一种反建造模式，城市入口巨大的圆环设施（或者说像是自然界的林冠Canopia）。记者调查，这个项目建议实施最大延续的植物空间，创造性的提

供连接周边城市的生态公园，比如巴塞罗那城市中的La Trinitat, Parc de la Sagrera 和 Ciutadella等公园。在城市道路的交叉口产生一种有趣的"动力"（momentum），回到森林景观中。

我们不能忽视这类广场，Glorias城市广场和Catalanas广场等。它们象征了有力的回应，是语义学的甚至是虚构式地被展示在这里。环境融入了象征性，神话性景观里的元素就是我们人类，我们是一种"神话了的动物"（Anima Mitopoetico），用来创造和稳固我们的身份性。没有外观，没有石头的历史，没有仪式的形式，你没有办法可以阻止他们的燃烧。[14]

在历史的描绘里景观是具有意义的。如果不是这样，它可以成为一种自我的、简单的景观。没有情感，什么都没有，因为情感的根是属于记忆里的，在回忆里，在怀旧中，同样存在于景观中。

历史学家Jose Maria Fradera，在他的文章"Norfeu：神圣的空间"强力地捍卫了Norfeu海角景观的神圣性，在Rosas的海岸上，面向elBulli餐厅，虽然它不接受这种严苛的现实感。这是普遍的遗产现实，可以追溯到新石器时代，腓尼基人的殖民时期，以及福西亚民族，罗马和因迪凯特人，直到阿姆不但人，他们所有人都把这个独一无二的空间作为神话，作为一种最本质的景观的美保存着。

那么，我们可以总结，景观需要回答

一种新的文化，它的价值是什么，通过自然和科学的解释，创造合适的剧本可以得到契合土地的识别性以及村落的记忆；一处景观"消逝"在环境里，景观仅仅能自我认知，因为在这之前它从来都没有存在过；真实地表达了另一种具体的、智慧的生存方式。

这些假设并不是什么都否定或者什么都赞同。为了避免过于虚妄和简单的印象，似乎使用清水漆涂抹的方式至少可以保留它们的真实形态。

一个比喻

在获奖电影"绝美之地"（la gran belleza）里，片中的主角，作家Jep Gambardella，向修女忏悔，他的一生执着寻找"绝美之地"，可是从未如愿，并不再写作。然而，修女回答他道：所有的根才是最重要的，就像我获取植物的根部作为食物一样。

绝美之地，它孤独地存在又不存在。好似你什么都有，你又什么都没有。

于我而言，景观是世界上最美好的又是最悲伤的，这里是小王子在地球上曾经出现的地方，而后它又在这里消失了[15]。

图：《小王子》，168页，70周年纪念版，出版/编辑Salamandra

[1]漫步狂野之路（*Walking on the wild side*），Lou Reed.（译者注：1972年，美国歌手Lou Reed发表的第二张专辑中的歌曲。）

[2]关于法国（*Sobre Francia*）. E.M.Cioran.（译者注：旅法罗马尼亚哲学家E.M.Cioran在1941年写作完成"关于法国"的著作。）

[3]花儿哪里去了？（*where have all the flowers gone？*）. Pete Seeger.（译者注：1955年，美国民歌手Pete Seeger创作的歌曲。）

[4]现代花园简评（*Ensayo sobre la jardinería moderna*）. Horace Walpole.（译者注：Horace Walpole，英国艺术史学者，著作提出18世纪英国现代花园的新美学观点。）

[5]重读吉迪恩和克里尔（*Relectura de Giedion i Krier*），Oriol Bohigas, El Periódico, 2012，2月23日。（译者注：西班牙现代建筑师Oriol Bohigas发表的文章，重新认识希格弗莱德·吉迪翁Sigfried Giedion和莱昂·克里尔Leon Krier。）

[6]盖亚假说，詹姆斯·洛夫洛克（James Lovelock, la teoría de Gaya）。（译者注：1972年詹姆斯·洛夫洛克提出的关于地球是一个最大的有机体的假说。）

[7]另一种文化的诞生（*El nacimiento de otra cultura*. Vicent Verdú）。（译者注：Vicente Verdú，西班牙作家，记者，经济学家。）

[8]网络世界：更坏的政策（*El cibermundo, la política de lo peor*. Paul Virilio）.（译者注：Paul Virilio，法国文化理论家和城市规划者。）

[9]流动性（*Liquids*）。Zygmunt Bauman。

[10]随笔（*Ensayo*）。Michel de Montaigne。

[11]语句（*Oraciones*）。Santiago Rusiñol（译者注：20世纪初西班牙加泰罗尼亚现代主义领军人物。）

[12]散步（*Pasear*）。（译者注：Henry David Thoreau，亨利·戴维·梭罗，19世纪美国作家，诗人，哲学家，《瓦尔登湖》作者。）

[13]Vicent Verdú。（译者注：Vicente Verdú，西班牙作家，记者，经济学家。）

[14]Alexis de Tocqueville（译者注：亚历西斯·德·托克维尔，是19世纪法国政治社会学家、政治思想家及历史学家，《论美国的民主》的作者。）

[15]小王子，（译者注：Antonie de Saint-Exupéry，安托万·德圣埃克絮佩里，法国作家，飞行员，1940~1942年完成儿童通话《小王子》。）

附件

罗莎芭芭欧洲景观奖申请

项目文件的最后递交期限是2012年5月11日。

由萨瓦德尔银行基金会赞助的罗莎·芭芭欧洲景观奖将于2012年9月27日、28日在巴塞罗那举行的第七届欧洲风景园林双年展上宣布。罗莎·芭芭欧洲景观奖向欧洲地区2007年至2012年的各种类型的景观项目和规划项目开放。只有一个大奖，奖金15000欧元。它不会在任何情况下被宣布无效。

参加报名需在www.coac.net/landscape网上进行在线注册。项目文档线上递交的截止日期为2012年5月11日。

罗莎·芭芭欧洲景观奖规则

罗莎·芭芭欧洲景观奖是巴塞罗那欧洲风景园林双年展的一部分。

我们提前半年征集五年之内在欧洲创建的景观设计和规划项目。国际评审团将在参赛项目中选出入围作品，并出席研讨会期间的项目演讲。随后，他们将负责在入围作品中选出最终获胜者，并在欧洲风景园林双年展期间宣布结果。

只有一个大奖，奖金15000欧元，将在研讨会期间颁发。欧洲景观奖罗莎·芭芭仅授予一个作品。如果存在特殊情况，那么这个奖将在两个获奖者之间平分。此奖项必将存在得主。

由国际评审团选出的作品将在第七届双年展专辑中出版，并在罗莎·芭芭奖展览中进行展示。

罗莎·芭芭欧洲景观奖的参与规则

在双年展中所有提交的项目都有可以参与罗莎·芭芭欧洲景观奖的评选，除了更新项目或由组委判断的其他特殊情况。

一位作者（个人/公司）只能有一个作品入围。评委会和组委会的成员或与这些组织有关的人都有可以参赛并进行到入围阶段。但他们不能获得奖项。一旦入围，他们将自动退出后面的参赛。

欧洲风景园林双年展的参与规则

在欧洲范围内任何个人和团队都可以参加。由欧洲设计师完成的位于其他大洲的作品也可以参赛。

组委会能够递交并出版未建成的作品，这些作品能够为欧洲景观行业提供创新方法和先进的战略理解。

景观规划也应被认为是建成相关的。

评委和组委会成员都可以提交自己在欧洲完成的作品参展，因为展览和作品集印刷是两个独立的程序。

国际评委会

蒂斯丽·马蒂妮兹（Desiree Martinez），风景园林师，国际风景园林师联合会（IFLA）主席

阿尔弗雷德·费尔南德斯·德·拉·雷格拉（Alfred Fernaindez de la Reguera），建筑师，组委会成员

凯瑟琳·古斯塔夫森（Kathryn Gustafson），风景园林师

卡伦·赫尔姆斯（Karin Helms），风景园林师，欧洲风景园林硕士项目协调人

评委的任命和职责

每届双年展组委会评委选择3或5名成员组成评委会。内部投票中，一旦出现票数相等的情况，以主席的投票为准。

国际评委会由主席、成员以及秘书组成，秘书无投票权，由组委会成员或欧洲风景园林双年展协调小组的成员担任。

双年展组委会指定评委会主席、成员和秘书人选。

评委职责

国际评委将出席研讨会期间入围项目的演讲并谨慎评选出一个获奖者。

在国际评委成员缺席一人的情况下，应当由组委会的另一人取代。

入围演讲之后，评委会于次日下午之前谨慎评选出获胜者。

评委会必须在7到10个入围作品中进行选择。作品数量将在他们会议时决定。

组委会负责预选，必须向评委会主席提交他们的评估。在任何情况下，组委会都可以与评委会主席在会议之前讨论确定淘汰标准。

评委会报告，巴塞罗那，2012年9月29日
国际评审委员会：

加尔梅·里瓦斯·塞克斯（Carme Ribas Seix），建筑师，西班牙加泰罗尼亚理工大学巴塞罗那建筑学院教授。前主席（西班牙）。

黛丝丽·马蒂尼兹（Desiree Martínez），风景园林师，国际风景园林师联合会协会（IFLA）主席（墨西哥）。

凯瑟琳·古斯塔夫森（Kathryn Gustafson），风景园林师，Gustafson Porter事务所联合创始人之一（美国）。

卡琳·赫尔姆斯（Karin Helms），风景园林师，凡尔赛国立高等风景园林学院设计系副教授（法国）。

玛丽娜·赛尔维拉（Marina Cervera），建筑师，风景园林师，评委会秘书。

亲爱的同事们：

由于待审核项目数量之多（352个项目）和质量之高，评审团必须设定一个特定的分析框架来客观地审视和挑选项目。

考虑到景观项目可以提供多重解读，我们决定入围项目需要满足3个基本要求或标准。

建议排除/入选的标准：

1．项目必须包含自然作为物质因素和过程，但不仅限于项目中所涵盖的部分。

2．在上述前提下，时间或时间管理将成为工作的主要目标。我们不能接受那些随着设计师工作结束而结束的项目。景观应显示为一个动态的实现过程。

3．景观的概念让人们面对构成一个物质体系的一系列自然和人为因素，因此，景观项目应包括反思的功能，不具备此功能或特性的项目将不予以考虑。

每个入围项目的理由：
接受各方建议和审核，以确保遵守以上标准。

米歇尔·戴维涅（Michel Desvlgne）
塞甘岛，预想花园，法国

若昂·费雷拉·努内斯（João Ferrelra Nunes）
Etar de Alcântara废水处理厂，葡萄牙

马丁·弗兰克/托恩·阿德沃尔（Martí Franch/Ton Ardévol）
十字架海角自然公园地中海俱乐部区域景观修复，西班牙

玛丽安·蒙森（Marlanne Mommsen）
文字花园"世界的花园"，德国

杰奎琳·欧斯提（Jacqueline Osty）
马丁·路德·金公园，法国

斯特凡·罗贝尔/约阿希姆·斯威勒斯（Steffan Robel/Joachim Swillus）
罗森海姆Mangfall公园，德国

迈克尔·范·杰塞尔（Michael van Gessel）
Twickel庄园——Twickel城堡历史公园修复，荷兰

入围标准排除了很多好项目。因此，我们决定特别授予一些尽管不符合既定标准，但依然非常优秀项目提名奖。

提名项目及原因：

巴塞罗那，Passelg de Sant Joan 街道

这个项目可以代表那些在一个城市环境中开展干预措施的项目，而在评审工作的框架并没有考虑这些。

此外，这是一个创新的街道案例，其干预措施是将绿色廊道理念引入了19世纪的街道形态中。

马尔格拉街

这个项目之所以提名，是因为它通过了几乎不花钱的干预，提高社会生活方式的质量。管理过程只是公众参与需求的最终状态，并与设计相互作用。

果园亭（位于 vous raconte des salades）

欢迎对审判标准提出建议。

2012 年 9 月 27 日星期四

9：00～19：00罗莎芭芭欧洲景观奖入围项目汇报

加泰罗尼亚音乐厅，次厅

由双年展执行委员会召集的国际评委会已经从提交的350个项目之中推选出罗莎芭芭欧洲景观奖的入围项目。

所有入选的项目都是2007～2011年之间建于欧洲的作品，将在加泰罗尼亚建筑师协会一层进行展览，并将收录在第七届欧洲景观双年展作品集中。

演讲人：

米歇尔·戴维涅

塞甘岛，预想花园，法国

若昂·费雷拉·努内斯

Etar de Alcântara废水处理厂，葡萄牙

马丁·弗兰克 / 托恩·阿德沃尔

十字架海角自然公园地中海俱乐部区域景观修复，西班牙

玛丽安·蒙森

文字花园"世界的花园"，德国

杰奎琳·欧斯提

马丁·路德·金公园，法国

斯特凡·罗贝尔 / 约阿希姆·斯威勒斯

罗森海姆Mangfall公园，德国

迈克尔·范·杰塞尔

Twickel 庄园——Twickel城堡历史公园修复，荷兰

20：00展览开幕以及新书发布会

加泰罗尼亚建筑学院

-罗莎芭芭欧洲景观奖展开幕

- "Collserola Gates"展开幕

-国际风景园林学院展览开幕

- Arriola＆FIOL建筑事务所书籍《地形建筑》新书发布会

-《触碰欧洲园林2012》新书发布会

-洛雷特·科恩启动日内瓦国际竞赛

2012 年 9 月 28 日星期五

9：00-19：00双年展VS双年展

加泰罗尼亚音乐厅，次厅

大多数有关土地和文化的学科发展都是从对环境的担忧开始的。第七届巴塞罗那风景园林双年展既作为一种催化剂引发新的思考，也将驱动我们对未来风景园林领域的想象和改变。

因此，双年展将严格审核参赛项目的格式、方案、概念和专业实践目标，同时，双年展将自身视作欧洲风景园林的主要平台和国际风景园林交流平台。在此框架内，我们的主旨报告人将提出并讨论我们行业的国际化和未来走向。

参与讨论的人有：

Marieke Timmermans，风景园林师，阿姆斯特丹建筑学院景观系主任。

Julie Bargmann，风景园林师，DIRT事务所创始人，弗吉尼亚大学副教授。

圆桌会议：教育创新

Carles Llop，圆桌会议主持人

博士，建筑师，加泰罗尼亚理工大学城市规划系主任，Jornet-Llop-Pastor事务所创始人

圆桌会议参与者：

Manuel Bailo，博士，建筑师，加泰罗尼亚理工大学城市系讲师，BAILORULL ADD＋architecture事务所创始人

Cristina Castelbranco，博士，风景园林师，里斯本技术大学教授，LINK博士课程负责人，ACB.paisagem首席设计师。

Marc Claramunt，风景园林师，布卢瓦"国家高等自然和景观学校"教授，法国风景园林师联盟（FFP）在国际风景园林师联合会（IFLA）和欧洲风景园林基金会（EFLA）的代表。

Ana Luengo，博士，风景园林师，Citerea创始人，西班牙风景园林师协会（AEP）在国际风景园林师联合会（IFLA）和欧洲风景园林基金会（EFLA）的代表。

Lisa Mackenzie，爱丁堡艺术学院讲师，"Lisa Mackenzie 咨询公司"创始人

Jorg Sieweke，弗吉尼亚大学助理教授（美国），paradoXcity负责人

SueAnne Ware，博士，风景园林师，墨尔本皇家理工大学教授

Manolo Ruisánchez，建筑师，加泰罗尼亚理工大学城市规划系教授，Ruisánchez arquitectes事务所创始人

Gilles Vexlard，风景园林师，Latitude Nord创始人，法国凡尔赛国立高等风景园林学院（ENSP）教授

圆桌会议：专业实践创新
ÁLex Giménez，圆桌会议主持人
建筑师，加泰罗尼亚理工大学城市规划系教授

圆桌会议参与者：
Bet Capdeferro，建筑师，赫罗纳大学理工学院建筑学硕士课程教授，bosch.capdeferro architectures创始人

Matteo Gatto，博士，建筑师，米兰理工大学风景园林系教授，2015年世博会总建筑师。

Vicente Guallart，巴塞罗那市总建筑师，2011年起任城市人居环境的首席执行官，Guallart Architects事务所创始人。

Nigel Thorne，风景园林师，国际风景园林师联合会欧洲区主席

Stefan Tischer，风景园林师，凡尔赛国立高等风景园林学院（ENSP）教授

Ramon Torra，建筑师，巴塞罗那大都市区首席执行官

Craig Verzone，瑞士风景园林师，城市设计师，Verzone Woods Architects创始人

19：00 2012年罗莎芭芭欧洲景观奖颁奖仪式
-宣布第七届罗莎芭芭欧洲景观奖获奖者（由萨瓦德尔银行基金会赞助）
-宣布国际学院展览获奖者
-宣布巴塞罗那城镇议会景观竞赛

2012 年 9 月 29 日，周六
9：00 ～ 14：00双年展事迹.Topos：风景园林的世界
加泰罗尼亚音乐厅，次厅

圆桌会议：挑战和愿景
演讲人：
Robert Schäfer，Topos：挑战和愿景

Sébastien Penfornis，Taktyk景观和城市规划事务，巴黎/布鲁塞尔，关于表现形式，2012 Topos景观奖

Reiulf Ramstad，挪威国家旅游线路，奥斯陆，建筑和景观，Topos纪念奖1

Christina Tenjiwe Kaba，Abalimi Bezekhaya，南非，开普敦，微型农业以及其他，Topos纪念奖2

Herbert Dreiseiti，于贝尔林根/波特兰/上海/新加坡，蓝绿基础设施

Kathryn Gustafson，西雅图/伦敦，概念和设计

致谢——欧洲风景园林双年展参与人名单

理事委员会：

Artur Mas i Gavarró
　　加泰罗尼亚自治政府主席，名誉主席

Xavier Trias
　　巴塞罗那市长，巴塞罗那大都市区联邦主席

Lluís Miquel Recoder i Miralles
　　加泰罗尼亚自治政府区域政策和公共工程部部长

Salvador Esteve i Figueras
　　巴塞罗那议会主席

Lluís Comerón i Graupera
　　加泰罗尼亚建筑师协会（COAC）主席

Antoni Casamor i Maldonado
　　加泰罗尼亚建筑师协会巴塞罗那分会主席

Antoni Giró i Roca
　　加泰罗尼亚理工大学（UPC）校长

Ferran Sagarra i Trias
　　巴塞罗那建筑学院（ETSAB）主任

Executive Committee:
执行委员会

Sara Bartumeus
　　建筑学院副教授
　　伊利诺伊大学香槟分校
　　加泰罗尼亚理工大学巴塞罗那瓦耶斯建筑学院教授

Jordi Bellmunt i Chiva
　　巴塞罗那建筑学院副院长

　　加泰罗尼亚理工大学（UPC）城市与区域规划系教授
　　加泰罗尼亚理工大学（UPC）城市与区域规划系风景园林硕士课程主任

Marina Cervera Alonso de Medina
　　第七届欧洲风景园林双年展协调人

Esteve Corominas
　　加泰罗尼亚建筑师协会（COAC）景观办公室主任

Joan Ganyet
Managing Director of Architecture and Landscape at the Department of Territorial Policy and Public Works of the Autonomous Governmentof Catalonia
　　加泰罗尼亚自治政府区域政策和公共工程部建筑和景观总负责人

Alfred Fernández de la Reguera
　　加泰罗尼亚理工大学风景园林硕士课程教授
　　加泰罗尼亚理工大学友好协会董事会成员

Maria Goula
　　加泰罗尼亚理工大学城市和区域规划系教授
　　加泰罗尼亚理工大学城市和区域规划系风景园林硕士课程教授

平面设计：

Giorgia Sgarbossa

合作者：

Montserrat Prado i Barrabés
Nekane López Azurmendi
Dagmara Zelazny
Bartek Swies
Andrea Tous
Jordi Sunyer
Eli Altès
Irma Perez
Aljiona Galazan

志愿者协调人：

Carles Almoyna
Roberto Franceschini
Giorgia Sgarbossa

志愿者：

Antonella Acunzo
Melissa Alagna
Maria Ateneo
Silvia Bassi
Pauline Bertaux
Barbara Boschiroli
Joaquim Cano
Yasmin Castillo
Alberto Collet
Jesus Cuenca
Dora Duran
Maria Jose Duran
Paulina Esser
Laia Ferré

Laura Gaez Mosquera
Chrysi Gousiou
Aida Lopez
Elisenda Lurbes
Anna Mallen
Alessia Marceddu
Giulio Mari
Beatrize Martin del Toro
Juan Pablo Martínez
Carmen Peynado
Sara Puertolas
Anna Quintana
Sergi Romero
Gioacchino Ruisi
Esther Santamaria
Andrea Salazar
Tania Vadalá

"罗莎芭芭奖"
加泰罗尼亚建筑师协会展览

策展人：
　　执行委员会

展览协调人：
Marina Cervera

技术协调和展览设计制作：
Antonella Acunzo
Irene Andresini
Maria Ateneo

学校展览：
School's exhibitioncoordination

学校展览协调人
　　Anna Majoral

技术协调和展览设计制作：
　　Sergi Romero
　　Esther Santamaria
　　Giorgia Sgarbossa

组织机构：
　　-加泰罗尼亚建筑师协会
　　-加泰罗尼亚理工大学
　　-加泰罗尼亚理工大学风景
园林硕士项目

赞助机构：
　　-巴塞罗那市议会
　　-巴塞罗那大都市区市政联
合体
　　-城市景观和生活品质市政
协会
　　-巴塞罗那建筑学院

私人赞助者：
　　-Paysage
　　-Fundació Banc Sabadell
　　-Topos
　　-EMiLA
　　-htt institute

合作单位及个人：
　　-Generalitat de Catalunya
　　-IFLA
　　-EFLA
　　-CSEAE

-AEP
-APEVC
-AAUC
-arquitectura i sostenibilitat
-0bservatori del paisatge
-paisea
-'scape
-2G
-Verdalis
-Bures Innova
-Bruns Pflanzen
-Escofet
-Palau de la Mùsica catalana
-CCCB
-Cooperativa d'arquitectes
Jordi Capell
　　-Iguzzini
　　-Master Architttura
Paesaggio
　　Milano/Barcellona, ACMA
　　-Epson
　　-Master de intervenció I
gestió del paisatge
　　-Bienal de Canarias
　　-Paisajismo
　　-Paisajismo digital
　　-Mercabarna
　　-Moritz
　　-Jané Ventura
　　-Landezine
　　-World-architects.com
　　-Arquitecturas
　　-BCNlandscape

人名、国家和项目索引

组织

 Col·legi d'Arquitectes de Catalunya

 UNIVERSITAT POLITÈCNICA DE CATALUNYA BARCELONATECH

 ETSAB Escola Tècnica Superior d'Arquitectura de Barcelona

 MASTER ARQUITECTURA DEL PAISATGE BARCELONA

Amb el suport de /
Con il supporto di:

 AMB Àrea Metropolitana de Barcelona

 Ajuntament de Barcelona

Premi Rosa Barba /
Premio Rosa Barba:

Fundació BancSabadell

Mecenes /
Con il patrocinio di:

 Topos

 EMiLA European Master in Landscape Architecture

Coordinació expo escolas /
Coordinamento esposizione scuole:

 INSTITUTE htt

Amb la colaboració de /
Con la collaborazione di:

 Generalitat de Catalunya Departament de Territori i Sostenibilitat

 IFLA INTERNATIONAL FEDERATION OF LANDSCAPE ARCHITECTS

 EFLA EUROPEAN FEDERATION FOR LANDSCAPE ARCHITECTURE

 CSCAE

 ASOCIACION ESPAÑOLA PAISAJISTAS

 APEVC Associació de Professionals dels Espais Verds de Catalunya

 AAUC

  Observatori del Paisatge paisea 'scape 2G Verdalis PAISAJISMO Y ESPACIOS VERDES bures innova BRUNS Pflanzen

 Escofet PALAU MÚSICA CATALANA BARCELONA 1908-2008 CCCB COOPERATIVA D'ARQUITECTES JORDI CAPELL iGuzzini EPSON MASTER ARCHITETTURA PAESAGGIO Barcellona / Milano INTERVENCIÓ I GESTIÓ DEL PAISATGE

 OBSERVATORIO DEL PAISAJE  BIENAL DE CANARIAS Paisajismo Landscape Magazine   Paisajismo Digital S.L. mb mercabarna MORITZ BARCELONA Recaredo DES DE 1924 Jané Ventura VINS I CAVES DES DE 1914

 Cava Guilera des de 1927 · caves de criança L'O Oriol Rosell L'Obrador Pastissers Landezine LANDSCAPE ARCHITECTURE WORKS !  world-architects.com Profiles of Selected Architects  arquitecturas BCNlandscape